# 五莲县气象为农服务指标及作物区划

朱秀红 等 编著

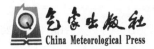

气象出版社
China Meteorological Press

## 内 容 简 介

本书系统地介绍了五莲县自然地理概况、主要粮食作物、经济作物、瓜果和蔬菜气象服务指标以及主要作物精细化区划、大樱桃和冬小麦灾害防御技术。全书共分 9 章,从各生长发育期适宜气象服务指标、不利气象服务指标、发育期主要灾害防御措施等方面进行阐述,力求为基层农业气象服务人员和农民朋友提供农事生产趋利避害建议,最大限度地减轻气象灾害对农业生产造成的影响。

本书可供农业气象服务人员、农业技术推广人员、农业生产人员查阅参考。

**图书在版编目(CIP)数据**

五莲县气象为农服务指标及作物区划 / 朱秀红等编著. — 北京 : 气象出版社,2020.8
ISBN 978-7-5029-7265-3

Ⅰ.①五… Ⅱ.①朱… Ⅲ.①农业气象-气象服务-研究-五莲县②作物-农业区划-研究-五莲县 Ⅳ.
①S165②S501.925.24

中国版本图书馆 CIP 数据核字(2020)第 159050 号

**五莲县气象为农服务指标及作物区划**

Wulian Xian Qixiang Weinong Fuwu Zhibiao ji Zuowu Quhua

**出版发行**:气象出版社

| | | | |
|---|---|---|---|
| **地　　址**:北京市海淀区中关村南大街 46 号 | | **邮政编码**:100081 | |
| **电　　话**:010-68407112(总编室)　010-68408042(发行部) | | | |
| **网　　址**:http://www.qxcbs.com | | **E-mail**:　qxcbs@cma.gov.cn | |
| **责任编辑**:隋珂珂 | | **终　　审**:吴晓鹏 | |
| **责任校对**:张硕杰 | | **责任技编**:赵相宁 | |
| **封面设计**:博雅思 | | | |
| **印　　刷**:北京建宏印刷有限公司 | | | |
| **开　　本**:710 mm×1000 mm　1/16 | | **印　　张**:11.5 | |
| **字　　数**:302 千字 | | | |
| **版　　次**:2020 年 8 月第 1 版 | | **印　　次**:2020 年 8 月第 1 次印刷 | |
| **定　　价**:68.00 元 | | | |

# 《五莲县气象为农服务指标及作物区划》 编写组

组　长：朱秀红

成　员：陈志超　迟庆红　周秀军　徐鹏飞

# 前　言

为进一步落实乡村振兴战略总体部署,气象人应紧紧围绕农业农村现代化、综合防灾减灾、建设美丽乡村和打赢脱贫攻坚战,发挥气象在乡村振兴战略中的作用。

编者长期在基层从事气象为农服务工作,积累了大量气象服务指标素材,参考同行专家的宝贵经验,在此基础上编写整理了一套符合当地气候特点和作物种植模式需要的气象为农服务指标。本书内容包括五莲县自然地理概况,主要粮食作物、经济作物、瓜果、蔬菜气象服务指标,主要作物精细化区划,大樱桃灾害防御技术,冬小麦灾害防御技术等章节。其中,第1、2章由陈志超编写,第3、4、7、9章由朱秀红编写,第5章由周秀军编写,第6章由迟庆红编写,第8章由迟庆红、徐鹏飞编写。朱秀红负责全书统稿。

本书编写过程中,曾参考了各类气象类教材、专著、规范、指南以及大量文献资料,在此向上述作者表示衷心的感谢。

本书内容曾作为技术手册免费发放给全县气象信息员和主要新型经济主体负责人,深受用户喜爱。为了进一步推广应用该成果,编写组决定正式出版该书,面向更多用户发行,便于指导农民朋友科学种植,也可作为气象同行的参考用书。

编写组

2020 年 6 月 7 日

# 目 录

# 第1章　五莲县自然地理概况

## 1.1　自然地理概况

　　五莲县是山东省日照市下辖县,地处山东半岛南部、日照市东北端,东邻青岛市西海岸新区,南接日照市东港区,西连莒县,北靠诸城市。五莲县位于 $119.2°E$,$35.74°N$,总面积 1500 $km^2$,户籍人口 50 万余人。五莲县位于鲁东南低山丘陵区,地处胶莱盆地和胶南隆起两个次级构造单元的边缘,沂沭断裂带东侧,境内群山连绵,全县共有大小山头 9000 多个,分布在县域中部和南部,地势中部高、南北低,自东北至西南隆起一条凸形高脊,仅北部、西部有小块分割平原,对降水量的分布产生了一定的影响。五莲县山脉的排列走向多东北—西南向,对东南部海上气流的输送和北来冷空气的人侵起到一定的屏障作用。

### 1.1.1　河流水系

　　五莲县境内流域分布较均匀,主要有北部的洪凝河、白练河,南部的街头河、东南部的潮白河(图 1.1)。其中洪凝河是潍河支流,发源于五莲县大青山,向北经五莲县

图 1.1　五莲县河网分布图

城于高泽镇以西入墙夼水库,全长 20 km,其中五莲城区段长 5.5 km。主要支流有却坡河、高泽河等。

### 1.1.2 土壤类型

　　五莲县土壤类型繁多,分布复杂。土壤多样化程度较高,共有 6 个土类,主要有盐碱土、潮土、褐土、棕壤、石质土、风沙土(图 1.2)。其中,风沙土在五莲县分布最广,其次为棕壤。褐土及潮土分布面积较小且分散,褐土主要分布在西北部地区,潮土分布在东南及北部地区。石质土及盐碱土分布极少,石质土仅分布在东南部边缘地区,盐碱土主要分布在水域周边地区。

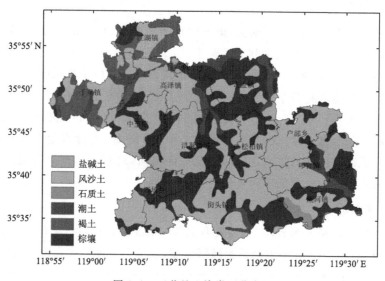

图 1.2　五莲县土壤类型分布图

### 1.1.3 土壤质地

　　土壤质地是根据土壤的颗粒组成划分的土壤类型。土壤质地一般分为砂土、壤土和黏土三类,是土壤物理性质之一,由于不同质地的土壤养分、透水性和土壤理化性质不同,因而不同土壤质地对农作物有一定的影响。五莲县土壤质地分为砂土、壤质砂土、砂壤土、砂质黏壤土、壤土、粉质土、黏质壤土和黏土 8 类,其中以壤土在全县分布最广;壤质砂土、砂壤土、砂质黏土壤主要分布在五莲县各地也有大量分布,黏土、黏质壤土等零星分布在五莲县西部及中南部地区。五莲县土壤质地如图 1.3所示。

### 1.1.4 土壤腐殖质厚度

　　腐殖质层是指富含腐殖质的土壤表层,含有较多的植物生长所需的营养元素,特别是氮素。土壤肥力的高低与腐殖质层的厚度和腐殖质的含量密切相关,因此腐

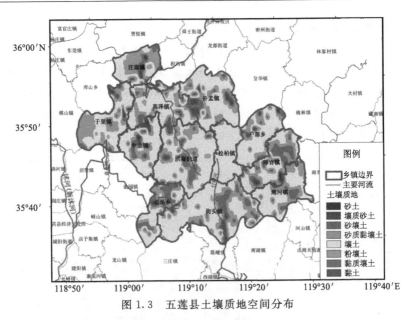

图 1.3　五莲县土壤质地空间分布

殖质层的状况,常作为评价土壤肥力的标准之一。五莲县土壤腐殖质厚度空间差异性相对较小,全县绝大部分土壤腐殖质厚度在 0～3 cm,土壤腐殖质厚度在 3～5 cm的区域有于里镇、汪湖镇、高泽镇、许孟镇、洪凝街道、石场乡、街头镇、潮河镇和叩官镇,在西北部和南部、东部一些地区土壤腐殖质厚度达到 5～10 cm,0 cm 的腐殖质分布极少,仅在水域周边出现。五莲县腐殖质厚度空间分布如图 1.4 所示。

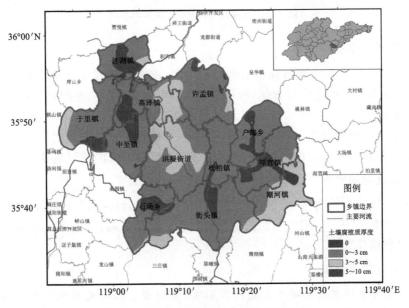

图 1.4　五莲县土壤腐殖质厚度空间分布

### 1.1.5　土地利用/覆被状况

五莲县土地利用类型主要包括耕地、林地、草地、城镇用地和裸地五大类,其中,耕地为五莲县的主要土地利用类型;其次为林地,林地分散分布在五莲县东部及南部地区;草地主要分布在林地周边地区,在其他地区也有零星分布;城镇用地在各个乡镇均有分布,其中在洪凝街道有小面积集中分布;裸地分布极少且主要分布在街头镇北部地区。五莲县土地利用/覆被现状如图 1.5 所示。

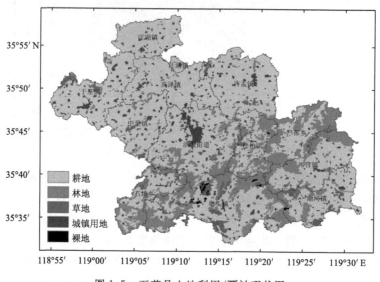

图 1.5　五莲县土地利用/覆被现状图

### 1.1.6　海拔高度空间分布

五莲县地处黄海之滨的鲁东南低山丘陵区,海拔高度在 18～706 m 之间,地貌以山地丘陵为主。境内山岭起伏,河川纵横,北部、西部有小块平原,山地、丘陵、平原分别占总面积的 50%、36% 和 14%。五莲县境内多山地丘陵,占五莲县总面积的 86%,共有大小山头 9000 多个,主要有五莲山、九仙山等。海拔高度作为重要的地形因子,对农作物有着重要的影响,一般作物适宜在海拔较低的平原地区生长。

### 1.1.7　坡度空间分布

五莲县境内山岭起伏,北部、西部有小块平原,中部和西南部坡度比较大,地形起伏。当坡度大于 10°时,对农作物的生长就会有一定的影响,当坡度大于 30°时,则完全不适宜种植作物。

### 1.1.8　坡向空间分布

坡向对于农作物的影响主要是间接影响,坡向通过影响光照和温度来影响作物的生长,一般越靠近南向的坡,光照和温度条件越好,对作物的生长也越有利。五莲县坡向空间分布情况如图 1.6 所示。

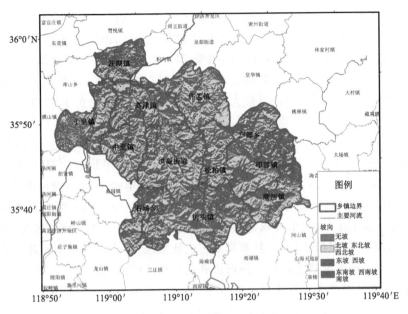

图 1.6　五莲县坡向空间分布

## 1.2　气候概况

五莲县属暖温带大陆性季风气候,周期性变化明显,一年四季分明。五莲县具有优越的天气气候条件和丰富的气候资源,光照充足,气温适中,雨热同季,为工农业发展提供了有利条件。另一方面,气象灾害多而频繁,危害严重,成为经济发展的制约因素。

### 1.2.1　气温

五莲县气温特征为冬季寒冷,夏季炎热,春、秋季气温温和,年均(1981—2010 年30 年平均,下同)气温 13.2 ℃,年极端最高气温 40.7 ℃(出现在 2002 年 7 月 15日),年极端最低气温−15.9 ℃(出现在 1985 年 12 月 9 日)。月平均气温、平均最低气温最低值出现在 1 月,之后逐月回升,7 月达最大,8 月起逐渐下降,其变化呈单峰型,接近正态分布。春、秋两季气候比较温和,秋季气温高于春季气温,由于春、秋两季为冷暖气团交替时期,从冬至到夏初,从夏末到冬初,气温的升降速度都表现出骤升骤降的现象,而由于春秋季节云量较少,昼夜长短大致相等,白天升温夜间降温的速度加快,日差较大,这一特点为作物的生长发育提供了有利的气候条件,适宜于黄烟、大豆、蚕桑、花生、玉米、小麦等多种农作物和苹果、核桃、栗子等多种果木的生长。

### 1.2.2　降水

五莲县降水量自东南向西北递减,年降水量东南部山区最多,中部丘陵地区次之,西北部平原地区最少,降水的地区差异比较大。总之,山区比平原多,迎风面比背风面多,沿海比内陆多。五莲县年均降水量 747.0 mm,年最多降水量 1257.3 mm,出现在 1990 年;年最少降水量 466.3 mm,出现在 1983 年;日最大降水量 254.2 mm,出现在 1999 年 9 月 9 日;月最大降水量 445.8 mm,出现在 1997 年 8 月。年均积雪日数为 12.8 d,积雪平均初日为 12 月 21 日,积雪平均终日为 2 月 28 日,最大积雪深度 23 cm,出现在 1987 年 2 月 1 日。五莲县降水表现出明显的季节性,季节变化的幅度更为明显,夏季平均降水量占全年的 62%,冬季平均降水量占全年的 5%,春季平均降水量占全年的 14%,秋季平均降水量占全年的 19%。雨量多集中在 6—8 月,易造成洪涝,春、秋、冬降水偏少,易呈旱象,分布极为不均。但个别年份副高南撤后,仍在本地上空徘徊,形成秋雨连绵。因此,五莲县降水与季风气候关系密切:一是降水量的季节分布极不均匀,夏季降水占的比重最大,成为影响全年降水的主要因素;二是由于太平洋副热带高压东退西进和高空西风带南北活动位置各年不一,影响五莲县的冷暖气团及交界场所也常有变化,致使降水量发生年际变化;三是降水强度存在不均匀性,一日最大降水量 254.2 mm(1999 年 9 月 9 日),最长连续无降水日数 83 d。降水量时空分布的不均匀造成了五莲县旱涝不均干旱尤重的气候特征。

### 1.2.3　日照

五莲县全年平均日照时数为 2393.5 h,日照时数以 5 月最大(251.5 h),12 月最小(173.9 h)。冬季平均日照时数为 508.3 h,冬季三个月日照时数变化幅度小;春季平均日照时数为 609.1 h,从 3 月起日照时数逐渐增多,5 月日照时数成为全年最高值;夏季平均日照时数为 618.2 h,日照时数变化幅度较大,从 6 月的 225.6 h 减到 7 月的 192.9 h,8 月起又逐渐增多;秋季平均日照时数为 576.7 h,9 月、10 月日照时数基本无变化,11 月日照时数明显减少。一年四季中,春季日照时数最多,夏季次之,冬季最少。春季云量少,晴天日数多,日照时数多。夏季云量多,阴天日数多,日照时数少。

### 1.2.4　风

五莲县年平均风速 2.4 m/s。冬季(12 月—次年 2 月,下同)平均风速 2.2 m/s,春季(3—5 月,下同)平均风速 3.1 m/s,夏季(6—8 月,下同)平均风速 2.1 m/s,秋季(9—11 月,下同)2.0 m/s。各月平均风速的分布以 4 月最大为 3.3 m/s,前后月依次减小,到 9 月达最小为 1.9 m/s,之后依次增大,形成一个周期性的年变化,其中上半年(1—6 月)的平均风速大于下半年(7—12 月),全年中 1—4 月的变化率最大。五莲县全年除静风外,以 SSE 风向频率最大为 17%,其次 S 风向频率为 11%,ENE、W、WNW、NW 风向频率最小,均为 2%。冬季 NEN 风的频率明显大于其他各风向频率,而到了春季 NEN 风逐渐减少,ES 风逐渐增多,其中 3 月为风向转换期,风向由 EN 风转向 ES 风,夏季为 ES 风盛行季节。秋季从 9 月开始风向转为北东北风,一直持续到次年 3 月,形成了风向的年变化周期。五莲县风向变化规律是冬季盛行偏北风,夏季盛行偏南风,春秋两季为风向转换的过渡季节,为大陆性季风气候。其变化的原因是:夏季大陆气压低,气流从海洋流入大陆,所以夏季多为东南风。冬季五莲县处在蒙古高压东南部,由于气流沿高压顺时针方向辐散,加之地形影响,多为东北风和东北偏北风。冬季风和夏季风相互交替期间,便形成了春、秋两季风向的多变化的特点。

### 1.2.5　地方小气候

由于地形复杂,山区、丘陵、平原相互之间气候差异较大,形成各具特点的地方小气候:中部洪凝街道、松柏镇、中至镇、于里镇、石场乡一带为山丘气候小区,年气温和降水量都比较适中,春秋易旱,夏热多雨,冬冷而干燥,夏季山洪危害较大,春末夏初雹灾多,风速较大。北部汪湖镇、高泽镇、许孟镇一带为平原气候小区,年气温较中部偏低,雨量偏少,冬长而寒冷干燥,无霜期较短,春季回暖较早。东西隆起带对黄海暖湿气流的输送和北来冷空气的入侵起阻挡作用。因此,全境气候差异明显,形成“大雪不过洪凝崖”的不同气候区域。东南部近海,地势低,秋冬平均气温较西北部偏高 2 ℃ 左右,夏季则低 1~2 ℃,冬暖夏凉,降水量多,春季多“海潮雨”,夏季多“遛山雨”,具有明显的海洋性特点。中部降水量比东部少,夏季炎热、冬季干冷。西北部地势相对平坦,冬冷夏热,降水量最少,无霜期长,气温年较差较大,具有显著的大陆性气候特征。风向、风速也因地形差异而有所不同,春季大部地区刮东南风,西部多刮西南风,麦收前后局部地区多冰雹。夏季山岭地带往往因暴雨造成山洪暴发。地形地貌的差异对灾害性天气影响也较大,故有“雹打一条线”“雪打高山霜打洼”等俗谚。

### 1.2.6　气象灾害

五莲县地处中纬度地区,属暖温带大陆性季风气候,气温适中,光照充足,气候资源丰富,为地方经济发展提供了良好的气候条件。但是干旱、冰雹、暴雨、大风、雷暴、大雾、低温、高温、暴雪、台风等时有发生,常常造成严重的气象灾害。由气象原因引发的山洪、泥石流、山体滑坡以及生物病虫害、森林火灾等气象次生灾害也较为严重。据统计,气象灾害占五莲县自然灾害的 90% 以上,对五莲县人民生命财产安全、经济建设、农业生产、水资源、生态环境和公共卫生安全等影响严重。每年因气象灾害造成的经济损失占当年 GDP 的 2% 左右。根据统计,影响五莲县的气象灾害主要有:干旱、冰雹、暴雨、大风、雷暴、大雾、低温等。其中干旱是五莲县发生频次最高、范围最广、影响最大的自然灾害,可谓众灾之首,素有“十年九旱”之说。

1. 干旱

五莲县地处鲁东南低山丘陵区,气候特点为夏季盛行东南季风,雨热同季,降水主要发生在每年的 6—9 月,存在着很大的空间差异性。进入 21 世纪以后,干旱有加重趋势,对生态系统威胁较大(图 1.7)。

图 1.7　2016 年 9 月 12 日拍自高泽镇邱村,干旱引起玉米干枯

(1)干旱时间分布特征

经统计,五莲县有 64% 的年份发生干旱,其中,春旱年占 52%,伏旱年占 74%,秋旱年 59%,冬旱年占 34%,不少年份有两种或两种以上类型的干旱同年发生。其中 1980 年以前的 20 年中只有 4 年秋旱,而 1981 年以后的 30 年中有 14 年发生秋旱;1980 年以前有 4 年发生春旱,以后有 13 年发生春旱。干旱灾害总趋势的频次增多,20 世纪 60 年代为十年 3 遇,70 年代为十年 6 遇,80 年代为十年 8 遇,90 年代为十年 9 遇,2001—2011 年为十年 8 遇;60 年代伏旱较少,只有 1 年,70—90 年代伏旱增加,平均 2~3 年一遇。

(2)干旱空间分布特征

五莲县境内多山、多丘陵,地势中部高,南北低,自东北至西南隆起一条凸形高脊,北部、西部有小块分割平原。降水量自东南向西北递减,年降水量东南部山区最多,中部丘陵地次之,西部丘陵山地最少,降水的地区差异比较大。山区比平原多、迎风面比背风面多、沿海比内陆多的降水特征导致五莲县干旱灾害地理分布也不均。

2. 冰雹

冰雹是五莲县的主要自然灾害现象之一,冰雹产生于强对流天气条件下,具有突发性,给人民生活及生产带来了很大困难,对社会生产具有极大的破坏力,甚至危及人民的生命财产安全(图 1.8)。

(1)冰雹时间分布特征

经统计五莲县气象局资料,冰雹最早出现在 4 月 17 日,最晚出现在 10 月 3 日,多集中在 5—7 月,年降雹日平均为 0.8 d,5 月、6 月、7 月、8 月平均出现日数分别为

图 1.8　2019 年 6 月 4 日,五莲县于里镇西安村地面冰雹

0.2 d、0.3 d、0.1 d、0.1 d,有 1 次连续降雹日出现在 1994 年 10 月 2—3 日。5 月雹灾出现频率 17.1%,6 月、7 月雹灾出现频率分别为 46.3%、19.5%,4 月、8 月、9 月、10 月的出现频率分别为 4.8%、7.3%、2.4%、2.4%。降雹多出现在午后,少数出现在夜间,最短的持续不到 1 min,最长的间歇性降雹,可长达 3～4 h。

(2)冰雹空间分布特征

五莲县主要有 5 条降雹路径:第一条为汪湖→中至→石场→日照(最为严重),第二条为汪湖→洪凝→街头→日照,第三条为许孟→松柏→潮河→日照,第四条为许孟→户部→叩官→日照,第五条为于里→桑园→石场→日照。由于受地形影响,五莲县平均受灾概率 1～2 年一遇。

3. 暴雨

暴雨是指日降水量达到 50.0～99.9 mm 的降水,日降水量达到 100～249.9 mm 的降水为大暴雨,日降水量达到 250 mm 及以上的降水为特大暴雨。暴雨来得快、雨势猛,尤其是大范围持续性暴雨和集中的特大暴雨,不仅影响工农业生产,而且可能危害人民的生命和财产安全,造成严重的经济损失。暴雨的危害主要有两种:洪涝灾害和渍涝危害(图 1.9)。

(1)暴雨时间分布特征

经统计,五莲县 1959—2012 年以来有 49 年出现暴雨,年均暴雨日数 2.8 d,暴雨最早出现在 4 月,最晚出现在 11 月,多数集中在 6—9 月,其中 7 月出现频率最高,达 36.8%。1959—2011 年五莲县因暴雨共受灾 16 次,其中 20 世纪 60 年代受灾 1 次,

图 1.9　2015 年 5 月 27 日,五莲县街头镇罗家丰台村因暴雨引起作物被淹

70 年代受灾 2 次,80 年代受灾 1 次,90 年代受灾 6 次,2001—2011 年受灾 5 次,洪涝灾害受灾频次总趋势自 1995 年来明显增加,而且灾害严重程度和损失程度亦趋于严重。有 15 次灾害出现在 6—8 月。

(2)暴雨空间分布特征

五莲县地处胶南隆起区,低山丘陵多,受特殊地形影响,暴雨空间分布基本呈现由东南部向西北部递减的特征。经统计,五莲县有两个暴雨中心,分别位于潮河镇和石场乡,次中心主要分布在五莲县东部和南部,主要涉及叩官镇、户部乡、许孟镇及街头镇。

4. 大风

大风是指瞬时风速达到或超过 17.2 m/s 的风,大风的危害主要是造成作物的倒伏甚至死亡。大风灾害是五莲县发生较多的灾害之一(图 1.10)。

(1)大风时间分布特征

经统计,五莲县年平均大风日数 5.3 d,主要集中在 3—6 月,4 月出现频率最大。1960—2011 年共有 19 次大风天气过程造成灾害,全部出现在 3—8 月(春、夏季),平均每 3 年遭受一次大风灾害,灾害主要集中在 4 月、6 月,出现频率分别为 31.6%、21.0%。大风日数总体表现出先降后增的大致趋势,20 世纪 80 年代、90 年代发生日数处于较低的水平,变化相对较平稳。50 年间年发生最多日数为 18 天,最少为 0 天。

(2)大风空间分布特征

五莲县地形崎岖,多低山丘陵,受特殊地形影响,大风的地理分布呈现明显的地

图 1.10　2019 年 6 月 4 日,五莲县于里镇东安村因大风引起小麦倒伏

域性。一是高海拔地区的年大风日数明显高于低海拔地区,二是山地效应明显。

5. 雷暴

每年汛期 6—8 月雷雨天气频繁,因雷击造成设备瘫痪、财产损失,甚至人员伤亡事故时有发生。经统计,以 1 天内听到 1 次或者 1 次以上雷声统计为 1 个雷暴日,只有闪电未闻雷声不统计,进行整理分析。

(1)雷暴时间分布特征

五莲县雷暴呈单峰型分布,全年中 2—11 月有雷暴出现。3—7 月雷暴日数逐渐增加,8—11 月逐渐减少。全年雷暴日数大多集中在 6—8 月占雷暴日数的 73.1%。每年最初的几次雷暴也不容忽视,由于五莲县春季降水很少,土壤及空气湿度低,又地处鲁东南丘陵地带,导致雷暴造成的雷击事故频率高规模大。春末夏初产生雷暴的天气系统主要有锋面、低槽。冷锋雷暴最多,强度最强,而暖锋雷暴最少。

一日中,午后到傍晚(15—18 时),雷暴出现的次数最多,其次是后半夜(凌晨 1—5 时),早上 6—10 时为一天中雷暴出现最少阶段。造成雷暴这一特点的主要原因是盛夏午后地表增热快,空气垂直上升运动加剧而产生地方性热雷雨。而早晨气温较低,空气对流较弱,除系统性天气影响而出现雷暴外,局地形成的雷暴不易产生,故出现次数就少。

五莲县雷暴灾害发生较为频繁,年最多发生日数为 45 d(1964 年),最少 12 d(2000 年),年均 27 d。按照国内有关标准,中国一般按年雷暴日数将雷暴活动区分为少雷区(小与 15 d)、中雷区(15~40 d)、多雷区(41~90 d)和强雷区(大于 90 d)的划分,五莲属于中雷区。从 20 世纪 60 年代以来,雷暴发生年日数总体上有减少趋势。在 20 世纪 90 年代及 21 世纪初波动较大。2000 年至 2011 年,发生日数较少,并有所下降。

五莲县最早出现雷暴的初日为 2 月 10 日(1987 年),最晚出现雷暴初日为 6 月 1 日(1975 年),最早结束雷暴的终日为 8 月 6 日(1992 年),最晚结束雷暴的终日为 11 月 9 日(2004 年)。由此可见,五莲县雷暴初雷日和终雷日出现日期的实际变化较大,雷暴初日越来越早,近年来终日越来越晚。初终间日数最长 263 d(2004 年),最短 100 d(1995 年),两者相差 163 d,雷暴年初终间日数有增大的趋势。11 月中旬至次年 2 月上旬的这段时间内,没有出现雷暴。

(2)雷暴空间分布特征

受地形因素的影响,五莲县境内的雷暴生成与运动路径大体可分为五条路线。中心点为五莲县气象局观测场:

①雷暴形成于西北方,不经过天顶向东北方向移动,多为局地对流形成。

②雷暴形成于西北方,经过天顶向东南方向移动,多生成于北方较强冷空气过境,有时是飑线过境。

③雷暴形成于西北方,不经过天顶向东南方向移动,此多为弱冷锋过境时形成。

④雷暴形成于西南方,经过天顶向东北方向移动,多为盛夏局地强对流形成。

⑤雷暴形成于西南方,不经过天顶向东南方向移动,此为夏季常见局地对流形成。

6. 大雾

大雾是指发生在一定天气条件下,由于近地面大气层中悬浮的水滴和冰晶堆积所造成的水平能见度小于 1 km 的一种天气现象。大雾的产生不仅严重地破坏了空气质量,而且对公路等场所所造成的影响和经济损失也是非常巨大的。

(1)大雾的时间分布特征

五莲县大雾发生日数呈波动变化趋势,总体上 20 世纪 60 年代至 70 年代,大雾日数有所下降,此后又开始上升,至 90 年代初期达到最高,90 年代至 2011 年,又呈现下降趋势。年大雾日数范围在 4~25 d。

根据五莲县大雾开始、结束时刻统计,发现:大雾发生、结束的日变化非常明显。雾在 1 d 24 h 内任意时段都有可能生消,而且大雾生成和结束时间频率分布都呈两峰两谷型。五莲县大雾多在夜间至 08 时生成,09—20 时生成的概率很小,07—11 时为大雾的消散高发阶段,大雾结束的第一个峰值出现在 08 时。大部分雾是在水汽比较充沛的夜间和早晨,近地面层的空气温度迅速下降,且趋于最低时开始,在日出后开始消散。

五莲县大雾日年际变化大,年平均大雾日数为 13.2 d,大雾出现最多的年份是 1989 年和 1991 年,各为 25 次,最少的是 1970 年,仅为 4 次。20 世纪 60 年代、70 年代、80 年代和 90 年代年平均雾日分别为 11.0 d、11.6 d、16.3 d、18.0 d,呈明显的增加趋势。

五莲县大雾季节分布明显,冬季最多,占全年雾日数的 34.1%,秋季次之,春季最少,仅占全年雾日数的 15.9%。明显的季节分布特点主要是因为五莲县冬、秋季节中、高纬度由微弱的西北气流控制,有利于夜间辐射降温,且降温较频繁,近地面层湿度较大的情况下最易形成大雾;而春季风大、空气干燥不易形成雾。

（2）大雾空间分布特征

五莲县大雾灾害发生频率整体较低,其中中部、西南部较频繁。高风险区分布在洪凝街道,在石场乡、松柏镇、叩官镇、许孟镇等地也有零散分布;中风险区主要分布在中至镇南部、石场镇、街头镇西部、许孟镇南部及松柏镇、潮河镇、叩官镇、户部乡局部地区。里镇、高泽镇、户部乡局部属于轻综合风险区,这些地区相对来说发生灾害的可能性较小,造成损失相对较小,风险较低。

7. 低温冷害

低温冷害是五莲县主要气象灾害之一,对农业生产会产生重要的影响。春季低温,也叫"倒春寒",一般发生在 3 月到 4 月,正值五莲县小麦返青、春播作物播种时期,冷空气不断入侵,每年都有程度不同的冷害,常伴随霜冻出现。霜冻指在春秋季节,夜间土壤和植株表面的温度下降到 0 ℃以下,使作物体内的水分形成冰晶,造成作物受害的短时间低温冻害现象（图 1.11）。

（1）春季低温时间分布特征

将 3 月日最低气温小于－3 ℃、4 月日最低气温小于 0 ℃作为春季低温出现标准,分别统计五莲县 3 月日最低气温小于－3 ℃、4 月日最低气温小于 0 ℃日数。

自 1959 年至 2011 年,五莲县 3 月平均日最低气温小于－3 ℃日数为 3.8 d,其中 1970 年出现日数最多为 12 d,最少出现日数为 0 d,分别是 1990 年、1998 年、2002 年、2008 年。20 世纪 60 年代、70 年代、80 年代、90 年代年均出现日数分别为 4.7 d、4.7 d、4.8 d、4.7 d,2001—2011 年年均出现日数 3.0 d,自 1995 年起出现日数明显减少,与气温变暖大气候环境有关。

自 1959 年至 2011 年五莲县 4 月平均日最低气温小于 0 ℃日数为 0.6 d,其中 1972 年、1980 年出现日数最多为 3 d,有 34 年出现日数为 0 d。20 世纪 60 年代、70 年代、80 年代、90 年代年均出现日数分别为 1.5 d、0.8 d、0.2 d、0.4 d,2001—2011

图 1.11　2019 年 4 月 27 日，五莲县潮河镇刘家坪村受冻茶园

年年均出现日数 0.2 d，自 20 世纪 80 年代起出现日数明显减少。

(2)春季低温空间分布特征

统计五莲县 1959—2011 年春季低温发生的频率，发现五莲县春季低温频率大致呈由北部向南部减少的趋势分布，频率最高的地区位于五莲县北部地区，最小的地区位于该县西南角。其中汪湖镇，于里镇大部，高泽镇小部为低温频率最大区，石场乡大部，洪凝街道、中至镇小部，街头镇西部为低温频率最小地区。

五莲县 4 月低温频率总体较低，表现为明显的空间差异性。各乡镇 4 月低温频率北部较高，而南部相对较低。其中位于西北部的汪湖镇和于里镇东北部及高泽镇西北部分地区为频率最高区域；与最高区域相邻的于里镇、高泽镇和中至镇的 4 月低温频率次之；而位于五莲县西南部的石场乡大部、洪凝街道西南部、街头镇西部及中至镇小部分地区的 4 月低温频率最小。

# 第 2 章　五莲县主要粮食作物气象服务指标

## 2.1　冬小麦气象服务指标

五莲县小麦年种植面积约 28 万亩*,总产量约 10 万 t。

### 2.1.1　冬小麦播种期(五莲县小麦适播期为 9 月下旬至 10 月上旬)

1. 适宜气象指标

(1)温度:5 天平均气温稳定在 15~18 ℃,5 cm 地温稳定在 17~19 ℃,冬前积温 550~650 ℃·d。

(2)水分:土壤湿度:16%~18%;田间持水量:65%~75%。

(3)无连阴雨或干旱天气阶段出现。

2. 不利气象指标及影响程度

(1)温度:候平均气温<10 ℃,冬前一般不能分蘖;候平均气温>20 ℃,小麦年前旺长拔节,易受冻害。

(2)水分:田间持水量大于 85%,易出现烂种;田间持水量 60%偏少,种子不利于膨胀发芽。

(3)特旱:9 月 20 日—10 月 25 日降水总量<20 mm,须人工造墒才能适时播种。

(4)特涝:9 月 20 日—10 月 25 日降水总量>100 mm,内涝则冬小麦不能适时播种。

3. 建议与防范措施

(1)注意麦播期的降水量和温度趋势预报,适时下种。播种过早,会加快小麦发育进程,造成冬前旺长,易遭受冬季和春季冻害。

(2)播前对麦地进行大犁深耕,疏松耕层,改善土壤透气性,提高土壤渗水、蓄水、保肥和供肥能力。

### 2.1.2　冬小麦出苗期(五莲县小麦出苗期一般在 10 月上旬至 10 月中旬)

1. 适宜气象指标

(1)温度:日平均气温 14~16 ℃,5~8 d 可以出苗。

---

\* 1 亩≈666.67 m²,下同。

(2)水分：土壤湿度指标分别为沙土 12%～16%，壤土 14%～16%，黏土16%～20%。

(3)出苗期无明显干旱，耕作层土壤湿润，田间持水量 70%～80%。

(4)无低温阴雨寡照天气。

(5)冬前积温达到 550～650 ℃·d 可成壮苗。

2. 不利气象指标及影响程度

(1)温度：气温<14 ℃偏低或>18 ℃偏高均对出苗不利。

(2)水分：土壤湿度指标分别为沙土<12%或>16%；壤土<14%或>16%；黏土≤16%或>20%，都易形成出苗不齐，缺苗断垄。

(3)干旱：易形成小麦胎里旱。

(4)低温寡照，幼苗弱。

(5)冬前积温<450 ℃·d 偏低，易成弱苗；冬前积温偏高>750 ℃·d，易形成旺长。

3. 建议与防范措施

(1)注意水分调节，遇有干旱及时灌溉。

(2)若底肥施用不足，小麦出苗后营养供给不足，可进行追肥，缓解苗弱现象。

(3)如果苗弱，抵抗力也弱，应注意病虫害的繁殖(图 2.1)。

图 2.1　2018 年 10 月 18 日，五莲县街头镇西官庄村苗期小麦

**2.1.3　冬小麦分蘖期(五莲县小麦分蘖期一般在 10 月下旬至 11 月上旬)**

1. 适宜气象指标

(1)温度:日平均气温 12～15 ℃。

(2)水分:土壤湿度 15%～20%,田间持水量 60%～80%。

(3)无秋季干旱。

(4)光照充足有利于分蘖和糖分积累。

2. 不利气象指标及影响程度

(1)温度:气温<3 ℃偏低或>18 ℃偏高,冬小麦分蘖率下降。

(2)水分:土壤干旱,田间持水量<70%,水分供应不足,影响小麦分蘖。

(3)季节干旱:10—11 月降水量≤40 mm,需浇分蘖水。

(4)连阴雨:阴雨连绵,光照不足,不利于分蘖。

3. 建议与防范措施

(1)注意秋季干旱需浇分蘖水,经验表明浇分蘖水增产效果明显。

(2)小麦越冬开始前后施用肥料,促根壮蘖。施肥时间以冬至到小寒前后(12 月下旬到次年 1 月上旬)较为适宜。

**2.1.4　冬小麦越冬期(五莲县小麦越冬期一般在 12 月上旬至 2 月中旬)**

1. 适宜气象指标

(1)温度:气温稳定在 3 ℃以下,停止生长,日平均气温稳定在<0 ℃期间,为小麦越冬期。严冬分蘖节处最低气温不低于−13 ℃。

(2)湿度:土壤湿度 15%～26%。

(3)田间持水量≤70%,田间无积雪,日平均气温稳定通过 5 ℃,适合浇越冬水。

(4)大风日数少于 4 d。

2. 不利气象指标及影响程度

(1)温度:冬季气温<−15 ℃,天气严寒和早春天气回暖后,气温变化剧烈,小麦易发生冻害,对越冬不利。

(2)11 月下旬至 12 月上旬,田间持水量≤20%,田间无积雪,气温稳定≤5 ℃,须灌溉越冬水。

3. 建议与防范措施

(1)五莲县冬季容易发生干旱,浇足越冬水,可以提高地温,促进越冬抗寒能力。

(2)浇过越冬水后,及时划锄松土,以免地表板结,水分流失,拉断麦根。

(3)注意冻害防御和冻后管理,适时浇水抗冻,施肥壮苗。

**2.1.5　冬小麦返青期(五莲县小麦返青期一般在 2 月下旬至 3 月上旬)**

1. 适宜气象指标

(1)日平均气温>0 ℃,根系开始活动,心叶微弱生长。气温>5 ℃,心叶日增量

0.5 cm,根系明显伸长,继续分蘖。

(2)冬春雨雪充沛,降水量>30 mm。

(3)风力≤5级。

(4)无暖春,无连阴雨天气。

2. 不利气象指标及影响程度

(1)日平均气温<2℃,温度低不利于返青。

(2)≥5级的大风日数多,造成表土干旱,不利于返青。

(3)田间持水量<60%,降水量<10 mm。土壤板结,干旱,须灌返青水。

(4)暖春连阴雨天气,导致小麦返青旺长。

3. 建议与防范措施

(1)注意春季干旱,小麦缺水明显时,须灌返青水,浇灌返青水对小麦返青生长有利。

(2)视苗情追施返青肥,加速小麦返青拔节,防止氮肥过量和追肥过迟,造成小麦旺长。

(3)返青期气温逐渐回升,注意预防小麦赤霉病和麦蚜虫等病虫害(图2.2)。

图2.2 2014年3月3日,五莲县洪凝街道前旋子村返青期小麦

### 2.1.6 冬小麦起身拔节期(五莲县小麦起身拔节期一般在4月上旬至中旬)

1. 适宜气象指标

(1)温度:日平均气温6～8℃,且持续时间长,对小麦起身有利。

(2)日照：日平均日照时长 8～10 h，对小麦起身有利。

(3)无 5 d 以上的连阴雨。

(4)无低温冷害。

**2. 不利气象指标及影响程度**

(1)温度：日平均气温＞16 ℃，不利于小麦长大穗。

(2)日照过长、过短不利于起身。

(3)连阴雨＞7 d，易发生病虫害。

(4)低温冷害＜3 ℃，易形成冻害。

**3. 建议与防范措施**

(1)注意冬前暖冬病虫害，在起身拔节期重点对红蜘蛛、吸浆虫、纹枯病、条锈病等病虫害的防治，并根据中长期天气预报及时做好防治工作。

(2)因苗因地制宜，搞好肥水、弱苗麦田、壮苗麦田、旺长麦田、旱地麦田等的管理（图 2.3）。

图 2.3　2020 年 4 月 3 日，五莲县洪凝镇罗圈村起身拔节期小麦

## 2.1.7　冬小麦的拔节孕穗期(五莲县小麦拔节孕穗期一般在 4 月中旬至 4 月下旬)

**1. 适宜气象指标**

(1)光照较强为宜。

(2)无 5 d 以上的连阴雨。

(3)无低温冻害。

(4)气温稳定在 12~16 ℃。

(5)田间持水量 75%~80%适宜拔节,孕穗田间持水量>80%。

(6)无干旱。

2. 不利气象指标及影响程度

(1)出现低温晚霜冻天气,气温低于 0 ℃,冬小麦茎叶遭受冻害。

(2)连阴雨大于 6 d,冬小麦茎秆细弱,旺长,易发生病虫害,后期倒伏。

(3)光照短,冬小麦茎秆细弱,旺长,易发生病虫害,后期倒伏。

(4)干旱,田间持水量<50%,小穗结实率降低。

(5)气温>17 ℃,易旺长;气温<12 ℃,生长缓慢。

3. 建议与防范措施

(1)注意调节田间水分。

(2)适当间苗,保持麦田间通风透光。

### 2.1.8 冬小麦的抽穗开花期(五莲县小麦抽穗开花期一般在 4 月下旬至 5 月上旬)

1. 适宜气象指标

(1)天气晴朗,光照充足。花后 10 d 持续晴朗天气更为佳。

(2)气温 16~22 ℃,最高气温 31~32 ℃,最低气温 9~10 ℃。

(3)土壤水分为田间持水量的 70%~80%,空气湿度 60%~80%。

(4)无连阴雨。

(5)无大风,风力小于 3 级。

2. 不利气象指标及影响程度

(1)连阴雨>4 d,光照不足,延迟开花,影响授粉,容易诱发病虫害。

(2)气温<9 ℃,延迟开花,影响授粉。

(3)干旱,土壤水分<田间持水量的 50%,严重影响开花授粉结实。

(4)出现大到暴雨影响小麦授粉,小麦易倒伏。

(5)雷雨大风,小麦易造成倒伏,影响后期结实。

3. 建议与防范措施

(1)此期遇旱要适当浇水,遇强降水要注意排水降湿,做到雨过田间无积水,保证小麦正常生长。

(2)此期叶面追肥,可促进受冻害小麦恢复生长,延长叶片功能期,提高光合效率,防病抗倒,减轻干热风危害,提高粒重。

(3)阴雨天气较多或田间结露较多,容易诱发病虫害,尤其赤霉病易发,可根据天气预报,力争雨前施药(图 2.4)。

图 2.4　2019 年 5 月 9 日,五莲县洪凝镇前旋子村抽穗期小麦

### 2.1.9　冬小麦灌浆成熟期(五莲县小麦灌浆成熟期一般在 5 月上旬至 5 月中旬)

1. 适宜气象指标

(1)天气晴朗,光照强,无连阴雨。

(2)灌浆阶段最适宜气温 18～22 ℃,15～18 ℃灌浆缓慢。低于 25 ℃,则随气温升高灌浆强度增大。

(3)水分:土壤水分为田间持水量的 70%～80%,黄熟期后土壤水分以 60%～70%为宜,田间持水量逐渐减少。

(4)无干热风和大风,风力小于 3 级。

(5)无高温干旱天气,温度<30 ℃。

(6)无暴雨冰雹天气,降水量<30 mm。

2. 不利气象指标及影响程度

(1)连阴雨天气>5 天,导致成熟变缓,易发生病虫害。

(2)气温>25 ℃,灌浆受阻,日最高气温>30 ℃,灌浆基本停止,>32 ℃粒增重基本是负值。

(3)气温>32 ℃,高温干旱提前逼熟小麦,降低产量。

(4)干热风易引起茎叶干枯早衰,籽粒瘦小。

(5)降水量>30 mm,大风冰雹,造成倒伏掉穗,落粒而严重减产。

3. 建议与防范措施

(1)注意喷洒药物防御干热风,有条件的地方可灌麦黄水,对小麦籽粒干物质积累有利。

（2）此期天气复杂多变，雷雨、大风等强对流天气易发，关注天气预报，选择晴好天气，适时喷施防虫剂（图2.5）。

图2.5　2019年5月30日，洪凝街道前旋子村成熟期小麦

### 2.1.10　冬小麦收割期（五莲县小麦收割期一般在5月下旬至6月上旬）

1. 适宜气象指标

（1）晴好天气，无连阴雨。

（2）无大风天气，风力≤3级。

（3）无大到暴雨，降水量＜30 mm。

2. 不利气象指标及影响程度

（1）连阴雨＞3 d。阴雨连绵成熟的小麦易出芽、烂麦。

（2）风力＞5级，影响晒收。

（3）大到暴雨降水量＞30 mm。突发性强，易形成塌场、沤麦。

3. 建议与防范措施

（1）注意收听麦收期的中长期天气预报和短期天气预报，根据天气情况抢收抢打。

（2）小麦收获的最佳时期为蜡熟期，麦株金黄，水分减少，籽粒充实如蜡质，粒重高、品质好。

（3）提前准备农机具、油料、电源、晒场、仓库和防雨设备等，小麦蜡熟后，防止恶劣天气来临，先抢收河湾、低洼田块等地段。

### 2.1.11　冬小麦主要农业气象灾害

#### 1. 干旱

小麦的旱灾是指土壤缺水、大气干旱或土壤和大气同时干旱,水分供应不足,引起小麦生长异常乃至萎蔫死亡的现象。干旱对小麦的危害是多方面的,小麦播种时,如果土壤水分不足,则影响适时播种,或播种后出苗不齐,严重影响小麦的播种质量,进而影响分蘖的发生和次生根的生长,造成冬前弱苗,对小麦成穗有一定的影响。拔节至抽穗期,小麦生长量较大、营养生长和生殖生长并进,需水量较多,若水分不足,对幼穗分化影响很大,致使小穗数和小花数减少,影响了小麦的穗粒数。灌浆至成熟期是小麦需水量较大的时期,若遇干旱,将严重影响籽粒增重,降低产量。按冬小麦生育期的季节,各个时期都可能发生干旱(表 2.1)。

表 2.1　土壤含水量适宜指标和干旱指标(相对湿度(%),深度 0~50 cm)

| 发育期 | 指标 | 砂土 | 壤土 | 黏土 |
|---|---|---|---|---|
| 播种—出苗 | 适宜 | 60~85 | 63~88 | 67~90 |
| | 轻旱 | 52~60 | 53~63 | 63~67 |
| | 中旱 | 45~52 | 45~53 | 52~63 |
| | 重旱 | ≤45 | ≤45 | ≤52 |
| 出苗—返青 | 适宜 | 55~85 | 58~88 | 63~90 |
| | 轻旱 | 50~55 | 53~58 | 61~63 |
| | 中旱 | 40~50 | 42~53 | 50~63 |
| | 重旱 | ≤40 | ≤42 | ≤50.4 |
| 返青/抽穗 | 适宜 | 60~85 | 60~88 | 71~90 |
| | 轻旱 | 50~60 | 55~60 | 63~71 |
| | 中旱 | 40~50 | 43~55 | 50~63 |
| | 重旱 | ≤40 | ≤43 | ≤50.4 |
| 抽穗/成熟 | 适宜 | 62~85 | 64~88 | 70~90 |
| | 轻旱 | 45~62 | 54~64 | 61~70 |
| | 中旱 | 40~45 | 43~54 | 47~61 |
| | 重旱 | ≤40 | ≤43 | ≤47.3 |

(1)秋旱

9—11 月为冬小麦播种、出苗、分蘖期,以旬降水量≥30 mm 或日降水量≥20 mm 为透墒,否则为干旱。

(2)冬旱

降水比常年显著偏少,也会发生干旱。

（3）春旱

自 2 月中旬以后，小麦开始返青，并逐渐进入起身、拔节、孕穗期，由于春季气温回升快，空气干燥、风大等使土壤蒸发加快，同时冬小麦返青后，生长势加快，叶面积系数迅速增加，易发生春旱。

（4）初夏旱

入夏后气温高，大气蒸发力强，小麦正处籽粒成熟的关键时期，若遇到无雨天气或少雨天气，对小麦灌浆和籽粒增重有重大影响。

2. 雨涝与湿害

（1）秋涝

以月降水≥150 mm，月雨日≥15 d 或连续两个月降水量≥300 mm，9—11 月雨日≥30 天为秋涝指标。

（2）初夏涝

主要影响夏收夏种。

（3）苗期湿害

由于播种期和幼苗生长期雨水过多、土壤湿度过大造成的。苗期湿害，叶尖黄化或淡褐色，根系伸长受阻，分蘖力弱，植株瘦小，往往成为僵苗。拔节抽穗期湿害茎叶黄化或枯死，根系暗褐色出现污斑，茎秆细弱，成穗率低，穗小粒少。灌浆期湿害使旗叶提前枯死，根系早衰，灌浆期短，粒重降低。小麦苗期相对较耐湿，排水后能很快恢复生长。但拔节孕穗期对湿害敏感，很快出现萎蔫。有"寸麦不怕尺水，尺麦怕寸水"之说。

（4）拔节—抽穗期湿害

抽穗期小麦既需水又怕涝。尤以孕穗期对湿害最为敏感。

（5）灌浆期湿害

灌浆期湿害会造成根系早衰，严重时还会腐烂发黑。

3. 冻害

冻害是小麦在越冬期或春季生长期遭受的强降温或低温冻害。冻害是小麦发育期中主要灾害之一，对小麦产量有一定影响，尤其是小麦拔节和抽穗期间的冻害影响较严重。依据冻害发生时间、特征将小麦冻害分成入冬剧烈降温型、冬季长寒型、融冬型、低温冷害型四种类型。冬小麦越冬期可以忍受一定强度的低温。一般冬季气温−10 ℃以上时小麦不会发生冻害死苗现象，但当气温进一步降低到麦苗不能忍受的程度时，部分麦苗就会受冻到致死。一般把小麦死亡 10％称为开始死亡，50％左右为大量死亡；70％以上为毁灭死亡。强冬性品种一般为−16 ℃以下，中等抗寒品种为−13～−16 ℃，弱冬性品种为−12 ℃以下。

4. 霜冻

霜冻指正在生长的植物体温降到 0 ℃以下引起的伤害。

晚霜冻出现越晚,受害越重,以拔节后 10~15 d 即雌雄蕊分化期抗寒能力最差。受冻后如急剧升温,细胞来不及恢复,受害更重。发生霜冻后叶片呈水浸状,日出后霜化叶片呈暗绿色,萎蔫下垂,受冻轻的可部分恢复,受冻重的经日晒干枯发白。受害部位集中在叶尖或叶面向上部,但较强霜冻也可危害到基部茎节。幼穗受冻后有时外表看不出受害症状,抽穗后才发现穗干缩、畸形缺粒,对产量影响很大(表 2.2)。

**表 2.2　冬小麦拔节后的霜冻指标(℃)**

| 分级指标 | | 拔节后天数 | | | |
|---|---|---|---|---|---|
| | | 1~5(d) | 6~10(d) | 11~15(d) | ≥16(d) |
| 轻霜冻 | 最低气温 | 1.5~-2.5 | 0.5~-1.5 | 0.5~0.5 | 1.5~0.5 |
| | 叶面最低 | -4.5~-5.5 | -3.5~-4.0 | -2.5~-3.0 | -3.0 |
| 重霜冻 | 最低气温 | -2.5~-3.5 | -1.5~-2.5 | -0.5~-1.5 | 0.5~-0.5 |
| | 叶面最低 | -5.5~-8.0 | -4.0~-6.0 | -3.0~-4.5 | -4.0 |

**5. 干热风**

干热风是指小麦生育后期,即开花、灌浆、乳熟阶段,由于高温、低湿,并且伴有一定风力的大气干旱现象,一般干热风的指标为:日最高气温≥30 ℃,相对湿度≤30%,风速≥3 m/s。干热风时,温度显著升高,湿度显著下降,并伴有一定风力,蒸腾加剧,根系吸水不及,往往导致小麦灌浆不足,秕粒严重甚至枯萎死亡,是小麦发育中后期的主要灾害之一(表 2.3)。

**表 2.3　小麦干热风指标**

| 干热风 | 重 | 14 时:气温≥32 ℃,相对湿度≤25%,风速≥3 m/s |
|---|---|---|
| | 轻 | 14 时:气温≥30 ℃,相对湿度≤30%,风速≥3 m/s |
| 干热风天气过程 | 重 | 连续出现 2 d 以上重干热风,或 3 d 以上轻干热风 |
| | 轻 | 连续出现 2 d 以上轻干热风,或 1 轻 1 重干热风 |
| 干热风年型 | 重 | 一年中出现一次重干热风,或 1 轻 1 重过程,或 2 次以上轻干热风过程 |
| | 轻 | 一年中出现 1~2 次轻干热风过程 |

持续高温,即使空气不干、风不大也会使灌浆期缩短。小麦外表上并无明显受害迹象,但粒重明显下降。高温逼熟的防御措施与干热风基本相同。

**6. 青枯**

青枯发生的气象条件:是灌浆中期有一段较高温,然后有 10 mm 以上降雨,并伴随较强降温,雨后不久出现 30 ℃以上高温,小麦不适应这一急剧变化,叶片和茎秆脱水,青枯死亡,而后扩展到全株。降温幅度越大,雨量越大,雨后升温越猛,受害越重(表 2.4)。

表 2.4　小麦青枯气象指标

| 青枯时间 | | ①5 月 25 日至 6 月 3 日过程降水≥10 mm<br>②降水前后 3 d 内有一日以上最高气温≥30 ℃ |
|---|---|---|
| 青枯年型 | 轻 | ①青枯出现在 5 月 25—27 日,或 6 月 1—3 日<br>②降水前后温差小于 10 ℃,日最高气温有 1 日>30 ℃ |
| | 重 | ③青枯出现在 5 月 25—31 日<br>④降水前后温差大于 10 ℃,有 1 日以上最高气温大于>30 ℃ |

青枯发生时首先穗下节由青绿变为青灰色,接着顶部小穗枯萎,炸芒,穗壳发灰白。籽粒瘦秕,粒重很低,出粉率也明显降低。青枯是对小麦粒重影响最大的灾害,严重的可下降一二成。一般发生在成熟前 20 d 以内,尤以成熟前 7～10 d 为最严重,这时小麦的生命力已较衰弱,对外界不利条件的抵抗力差。到成熟前几天,虽然生命力更弱,但灌浆已基本完成,发生青枯损失也不大。

### 7. 倒伏

易倒伏时期一是抽穗期,易兜水超重,茎秆也较软。二是乳熟末期,籽粒体积和鲜重达最大时,头最重。浇水或下中雨后有五六级风即可能造成部分倒伏。雨强和风力越大,倒伏越重。倒伏后的小麦一般要减产 1～4 成,倒伏越早,损失越大。

### 8. 小麦雹灾

常对所经过局部麦田造成毁灭性打击,轻者掉粒撕叶,重者折断打烂。

## 2.2　玉米气象服务指标

玉米,又名玉蜀黍、苞米、玉茭、棒子、苞谷等,原产中南美洲,是古老的栽培作物之一。在五莲县粮食作物中,玉米的种植面积和总产量仅次于小麦,全县种植玉米 22 万亩,总产 8.8 万 t,品种品质优良,适合做玉米淀粉和其他原料,秸秆可做生物发电、青贮、发展养殖等。

### 2.2.1　玉米播种期(五莲县玉米播种期一般在 6 月中旬至下旬)

#### 1. 适宜气象指标

(1)玉米种子发芽温度最低 8～10 ℃,气温 12 ℃以上较适宜,最适 25～35 ℃。

(2)播种时耕层土壤湿度要求达到田间持水量的 60%～70%。

(3)5～10 cm 地温稳定在 10～12 ℃时为适宜播期。一般 10～12 ℃时播种,18～20 天出苗;15～18 ℃时播种,8～10 天出苗;20 ℃时播种,5～6 d 出苗。

(4)最适宜土壤含水量为土壤田间最大持水量的 60% 左右,土壤含水量12%～14%。

#### 2. 不利气象指标及影响程度

(1)气温低于 8 ℃,可造成粉种,不利出苗。

(2)土壤田间持水量<50％,土壤含水量<11％或>20％不利于种子膨胀出芽。

(3)播期干旱,降水量<20 mm,无透墒雨,推迟播种。

3. 建议和防范措施

(1)提高播种质量,播前种子经过晒种、浸种、药剂拌种、包衣剂处理等。

(2)播种量适宜,一般条播、犁种每亩 4～5 kg,机播或耧播每亩 3～4 kg,点播每亩 2～3 kg。

(3)根据土质、墒情和种子大小选择适宜播种深度,一般以 5～6 cm 为宜。

(4)玉米播种期如遇干旱,最好采用灌溉播种或麦垄玉米点播等措施,确保玉米适时播种出苗。

### 2.2.2　玉米苗期(五莲县玉米苗期一般在 6 月下旬至 7 月下旬)

1. 适宜气象指标

(1)苗期最适宜温度为 18～20 ℃,最低气温需>10 ℃。

(2)根系生长适宜温度为 5 cm 地温 20～24 ℃。

(3)苗期降水量 80～180 mm,能满足苗期所需水分。

(4)耕作层土壤水分为田间持水量的 60％～70％,土壤水分充足,幼苗发育快。

2. 不利气象指标及影响程度

(1)短时气温小于-1 ℃,幼苗受伤,-2 ℃死亡。

(2)幼苗时遇到 2～3 ℃低温影响正常生长。

(3)连阴雨≥5 d,玉米出苗慢。

(4)苗期降水量<50 mm,影响幼苗生长。

(5)苗期降水量>200 mm,幼苗易弱黄或死亡。

3. 建议与防范措施

玉米从出苗到拔节这一阶段为苗期,夏玉米一般经历 20～25 d,春玉米经历 40～45 d。

(1)注意抗旱浇苗和排涝,避免出现内涝渍灾。

(2)玉米出苗后,立即进行查苗,缺苗较多时,进行补种,补种的种子采用浸种催芽的方法,促使提早出苗。栽后浇水,待水下渗入土中,再覆土至幼苗基部白绿色部分处。成活后追施少量速效化肥,并进行松土,促苗生长。

(3)在长出 3～4 片叶时,选择晴天下午进行间苗,避免幼苗拥挤,相互遮光,节省土壤养分和水分。

(4)中耕除苗,疏松土壤,保墒散湿,提高地温,消灭杂草,减少水分、养分的消耗以及病虫害的寄主(图 2.6)。

### 2.2.3　玉米拔节抽穗期(五莲县玉米拔节抽穗期一般在 7 月下旬至 8 月上旬)

拔节到抽雄称为玉米抽穗期,一般经历 25～35 d。此阶段玉米营养器官生长迅

图 2.6　2019 年 7 月 23 日,五莲县于里镇农技站苗期玉米

速,生殖器官强烈分化,是玉米一生中生长最旺盛的时期。

1. 适宜气象指标

(1)当日平均气温达到 18 ℃以上时,植株开始拔节。

(2)最适宜温度 24～26 ℃。

(3)水分充足,无"卡脖子旱"。适宜的土壤水分为田间持水量 70％左右,土壤含水量 17％以上。

(4)拔节后候降水量＞30 mm,候平均气温 25～27 ℃是茎叶生长的适宜温度。

(5)需水量占总需水量的 29.6％～33.4％。

(6)无冰雹天气。

2. 不利气象指标及影响程度

(1)气温＜24 ℃,生长速度减慢;气温＜20 ℃,抽穗延迟。

(2)卡脖子旱在 8 月上中旬,玉米拔节抽穗前后 20 d 内无透雨,田间持水量＜60％。玉米拔节抽穗叶子凋萎,雌穗不孕空杆,秃尖增多,严重减产。

(3)土壤含水量＜15％易造成雌穗部分不孕或空杆。

3. 建议与防范措施

(1)注意收听这一阶段的中长期预报,如报"卡脖子旱",及时灌溉浇水。另外作好长期阴雨的排涝工作,防御内涝。

(2)该期是玉米吸收养分最快、最多的时期,也是玉米追肥的主要时期,由于农家肥,磷、钾肥都已作底肥或苗肥施入,因此穗肥追肥主要是氮肥。

(3)该期玉米生长旺盛,气温较高,蒸腾蒸发量大,需水量较多,降水不足时,应及时灌水,保证玉米对水分的要求。

　　(4)穗期中耕,疏松土壤,消除杂草,有利于蓄水保墒,促进根系发育。穗期中耕一般进行两次,拔节前后结合追肥浇水可进行一次深中耕,深度以 5～7 cm 为宜。玉米封行前,可结合重施攻穗肥进行一次浅中耕,深度 2～3 cm(图 2.7)。

图 2.7　2019 年 8 月 8 日,五莲县洪凝街道罗圈村拔节期玉米

### 2.2.4　玉米开花授粉期(五莲县玉米开花授粉期一般在 8 月上旬至中旬)

　　1. 适宜气象指标

　　(1)玉米授粉的适宜气温为 25～28 ℃。

　　(2)晴朗微风,风力≤3 级。

　　(3)空气相对湿度 65%～90% 为宜。

　　(4)田间持水量 80% 左右为最好。

　　(5)开花到成熟需降水量 100～280 mm。

　　(6)需水量占总需水量的 13.8%～27.8%。

　　(7)无高温干旱。

　　2. 不利气象指标及影响程度

　　(1)气温>30 ℃,空气相对湿度<60%,造成开花少。

　　(2)气温>35 ℃,空气相对湿度<50%,土壤含水量<15%,持续 1～2 h,造成花粉死亡或捂包。

　　(3)阴雨或气温<18 ℃,造成花粉失去生命力,影响授粉。

　　(4)气温<24 ℃不利于抽雄。

　　(5)风力>5 级,易引起柱头干枯。

3. 建议与防范措施

玉米开花授粉期注意防旱,及时灌溉,预防温度偏高或偏低(图 2.8)。

图 2.8　2018 年 8 月 20 日,五莲县高泽镇开花授粉期玉米

### 2.2.5　玉米乳熟成熟期(五莲县玉米乳熟成熟期一般在 8 月下旬至 9 月下旬)

1. 适宜气象指标

(1)灌浆阶段最适宜的温度条件是 22～24 ℃,有利于有机物质合成,其速度 79 g/日/千粒,快速增重期适宜温度 20～28 ℃,速度为 76 g,积温 380 ℃·d 以上。

(2)天气晴朗,最适宜灌浆的日照时数 7～10 h,适宜时数 4～12 h。

(3)土壤水分充足,土壤含水量不低于 18%。

(4)需水量占总需水量的 19.2%～31.5%。

2. 不利气象指标及影响程度

(1)16 ℃是停止灌浆的界限温度,气温低于 16 ℃,灌浆停止,延迟成熟。

(2)气温>25～30 ℃,干热天气引起过早成熟,呼吸消耗增强,功能叶片老化加快,籽粒灌浆不足。

(3)在籽粒灌浆成熟时期,日平均气温>25 ℃或<16 ℃,影响酶活性,不利于养分积累和运转。

(4)连阴雨日数>10 d,影响玉米成熟的质量。

(5)干旱,不利于干物质的积累,结实不饱满。

3. 建议与防范措施

(1)追肥是防止后期玉米叶片早衰的重要措施,在前期施肥较少或表现出有脱肥迹象时,应及时补肥,以速效氮肥为主。

(2)如果水分不足,对籽粒灌浆影响很大,适时浇水可促进营养物质向籽粒运输,防止茎叶早衰,增加粒重。

(3)后期土壤水分应维持在田间持水量的80%~70%,水分也不宜过高,>80%,会引起根系缺氧,导致根系早衰,降低粒重,后期遇雨还应注意排涝。

(4)玉米一般在完熟中期收获产量最高,常把籽粒基部黑色层形成作为籽粒生理成熟的标志(图2.9)。

图2.9　2018年9月25日,五莲县于里镇成熟期玉米

### 2.2.6　五莲县玉米生长期主要气象灾害

#### 1. 初夏旱

5月下旬到6月上、中旬,是夏玉米的播种期,此期若出现初夏旱(指标:5月下旬到6月中旬的三个旬中,每旬雨量均<30 mm,且总雨量<50 mm),会造成夏玉米晚播或出苗不好,从而导致减产。

**2. 卡脖旱**

7月下旬到8月中旬是夏玉米孕穗、抽雄及开花吐丝的时期,也是夏玉米一生中需水最多的时期。此期若出现干旱(俗称卡脖旱),会影响玉米抽雄吐丝,从而形成大量缺粒与秃顶,并使灌浆过程严重受阻,产量明显降低。

**3. 花期阴雨**

7月下旬到8月中旬的总雨量若>200 mm,或8月上旬的降水量>100 mm,会影响夏玉米的正常开花授粉,造成大量缺粒与秃尖。

**4. 苗期连阴雨**

从玉米小芽露出地面到三叶期时,玉米苗就不再靠种子提供的养分生长,而是从自身光合作用合成的有机物质获取养分。这一时期,充足的阳光有利于培育壮苗,若遇连阴雨天气(连续降雨>5 d),玉米小苗会因养分供给"断绝",产生"饥饿"而弱黄或死亡。如果这一时段降水量>100 mm,土壤透气性变差,根系无法再从土壤中吸收养分,对玉米小苗更为不利。

**5. 拔节—抽穗期连阴雨**

玉米拔节—抽穗期,是玉米从营养生长过渡到生殖生长的阶段,这一阶段是玉米秆长高、长壮、长粗、吸收养分的关键时期。充足的阳光对玉米多成粒、成大穗十分重要。若此期出现大于10 d的连阴雨天气,玉米光合作用减弱,玉米秆呈"豆芽形",很瘦弱,常会出现空秆。

**6. 雹灾**

(1)玉米在发芽出苗期遭受雹灾,容易造成土壤板结,地温下降,通气不良,影响种子发芽和出苗等,灾后应及时疏松土壤,以利于增温通气。

(2)在玉米拔节到抽穗前,特别是大喇叭口期以前,雌雄穗和部分叶片尚未抽出时遭受雹灾,只要未抽出的叶子没有受损伤,且残留根茬,应及时中耕、施肥,加强田间管理,一般仍可获得较好收成。

(3)玉米抽穗后遭受雹灾,植株恢复生长的能力变差,对产量影响较大。据调查,凡被冰雹砸断穗节的玉米,则不能恢复生长;如果穗节完好,应及时加强管理,促进植株恢复生长,减少产量损失。

**7. 风灾**

7月、8月常常出现狂风暴雨天气,造成玉米倒伏或茎折。对成熟前倒伏或茎折的玉米,应及时扶起,以免相互倒压,影响光合作用。对于倒折的玉米,如果只是根倒,将植株扶正即可,如果是茎折,应将数株捆在一起,使植株相互支持。

**8. 涝灾**

玉米是一种需水量大而又不耐涝的作物,当土壤湿度超过田间持水量的80%以上时,植株的生长发育即受到影响,尤其是在幼苗期,表现更为明显。玉米生长后期,在高温多雨条件下,根系常因缺氧而窒息坏死,活力迅速衰退,造成植株未熟先枯,对产量影响很大。据调查,玉米在抽雄前后积水 1～2 d 对产量影响不太明显,积水 3 天则减产 20%,积水 5 天减产 40%。

## 2.3　谷子气象服务指标

据《五莲县志》记载,五莲县种植谷子具有一千多年的历史,是全国种植谷子最早的地区之一。谷子因生长期长,口感好,营养丰富,有"黄金米"之称。谷子根据播种时间分为春谷和夏谷,春谷生育期较长,一般 100～140 d,品种以中晚熟种为主。五莲小米采用古老的加工方式。谷子成熟后用手工采收、晾晒,通过棍棒等敲打脱粒,然后进行加工,主要以石碾、石磨等传统工艺进行谷子去皮加工,这些原始的加工方式,保证了小米的品质和口感,具有独特的五莲山区小米特色。

由于出苗到拔节处于低温、干旱季节,生长速度较慢,分蘖比夏谷多,营养生长时期长,物质积累多,茎叶繁茂,植株粗壮高大。幼穗分化时期温度相对较低,幼穗分化多为"分离型",不仅开始迟,而且分化进程慢,分化时间长,所以穗大粒大就成为春谷不同于夏谷的另一显著特点。同时,由于春谷灌浆期长,速度慢,所以籽粒品质优良,适口性比夏谷好。本节以五莲县春谷为例制定其生长发育气象指标。

### 2.3.1　谷子播种至苗期(五莲县春谷播种一般在 5 月上旬至中旬,苗期在 5 月中旬至 5 月下旬)

1. 适宜气象指标

(1)谷子播种的地温需稳定在 8 ℃以上。

(2)10 cm 地温 12～15 ℃,土壤水分充足时,谷子 4～5 d 发芽,9～10 d 出土。

(3)日平均气温为 20～25 ℃时,利于谷子幼苗生长及分蘖。

(4)谷子播种的适宜土壤相对湿度 65%～75%。

2. 不利气象指标及影响程度

(1)地温＜7 ℃时,发芽推迟。

(2)最低气温＜2 ℃时幼苗受冻,甚至死亡。

(3)土壤相对湿度＜50%时出苗不齐。

(4)春播谷子如遇高温强风,土壤蒸发快,易造成缺苗甚至毁种。

3. 建议和防范措施

(1)五莲谷子多数种植在洪凝、石场、户部等乡镇的山岭薄地,不具备水浇条件。谷子播种期如遇干旱,最好采用点播、水浸种子等措施,确保谷子适时播种出苗。

(2)谷子谷粒小,芽弱,顶土能力差,应选择地势高、土壤通透性好、易耕作和松软肥沃的砂壤土。

(3)谷子出苗前干旱,或遇雨土壤板结以及表土温度高,出苗有"烧尖"危险时,可以多砘压,借以压碎硬壳、增加表土水分,降低表土温度。

(4)一般于小满前后播种,最迟不能迟于 5 月底,幼苗期处于初夏旱季,有利于"蹲苗",促使根系下扎,生长健壮,防止后期倒伏。

(5)雨后趁墒播种,种时用木犁开沟,用手撒种,每亩播种量 0.5 kg。播种深度 3~4 cm,播后覆土 2~3 cm,播后及时镇压。如果土壤湿度过大,播后暂时不需要镇压,过些天再镇压。

(6)为防止倒伏,选用高产抗倒、抗病虫品种(图 2.10)。

图 2.10　2019 年 5 月 28 日,五莲县洪凝街道罗圈村苗期谷子

### 2.3.2　谷子拔节期(五莲县春谷拔节期一般在 6 月上旬至 7 月上旬)

1. 适宜气象指标

(1)气温在 25~28 ℃时适宜谷子拔节,在此温度下茎秆生长迅速而粗壮,幼穗分化良好。

(2)谷子拔节是一生中需要水分最多的时期,适宜土壤相对湿度为 60%~70%,空气相对湿度 70%~80%。

2. 不利气象指标及影响程度

(1)气温过高,幼穗分化期缩短;气温<20 ℃,穗分化受到抑制;气温<13 ℃,幼穗不能抽穗。

(2)田间持水量<70%,造成减产,穗小并可能出现秃尖的现象。

3. 建议和防范措施

(1)如遇干旱,具备水浇条件的地段及时灌溉浇水。

(2)进行"清垄",把谷地中的杂草、残苗、葵子、病株、虫株、弱苗等去掉,避免水分营养的丢失,使谷子株壮,保大穗,通风透光好,提高单株主穗结实率。

（3）苗高 30 cm 左右时,结合中耕追第一次肥,亩施尿素 10 kg。

（4）谷子拔节后深中耕,深度 15 cm 以上,可疏松土壤,接纳雨水,铲除杂草,切断部分老根,促进新根深扎。拔节到抽穗前结合第二、三次中耕培土。培土高度 7～10 cm 为宜(图 2.11)。

图 2.11　2019 年 7 月 7 日,五莲县洪凝街道罗圈村拔节期谷子

### 2.3.3　谷子抽穗开花期(五莲谷子抽穗开花期在 7 月中旬至 7 月下旬)

1. 适宜气象指标

（1）谷子开花的适宜日平均气温为 23～25 ℃,白天平均温度 22～25 ℃,夜间平均温度 18～21 ℃,对谷子开花授粉特别有利。

（2）谷子开花的土壤相对湿度为 65%～80%。抽穗、开花期是谷子一生中第二个需水关键期。

2. 不利气象指标及影响程度

（1）＞30 ℃的高温干旱天气导致花粉粒活力下降,花柱寿命缩短,授粉不良。

（2）气温＜10 ℃,花将不开裂,花器可能受冻。

（3）土壤相对湿度＜60%,影响花粉正常成熟,造成秕谷增多。开花期如遇多雨天气,花粉吸水过多膨胀破裂,更会造成大量秕谷。

3. 建议和防范措施

（1）开花授粉期注意防旱,及时灌溉,预防气温偏高或偏低。

（2）抽穗开花期管理应以防涝、防倒、防秕谷为重点。应及时排水,中耕松土,改善土壤通气条件(图 2.12)。

图 2.12　2019 年 7 月 28 日,五莲县洪凝街道罗圈村抽穗开花期谷子

### 2.3.4　谷子灌浆成熟期(8 月上旬至 9 月中旬)

1. 适宜气象指标

(1)谷子灌浆的适宜温度为 20～22 ℃。昼夜温差大,有利于谷子积累营养物质,促使充分灌浆。

(2)灌浆后期到成熟期需水量减少,喜晒怕涝、耐干旱。

(3)谷子灌浆成熟的适宜土壤相对湿度 65%～80%。

(4)充足的光照充足,有利于谷子干物质积累。

2. 不利气象指标及影响程度

(1)日平均气温<20 ℃,或>30 ℃,灌浆不利,会出现秕粒;日平均气温<15 ℃,几乎全部为秕粒。

(2)低温、连阴天、多雨天气影响干物质积累。

(3)土壤相对湿度低于 60%时,会使灌浆受到影响。

3. 建议和防范措施

(1)浇攻籽水,灌浆期如遇干旱及时浇水;无灌溉条件的可在谷穗上喷水。

(2)根外追肥,谷子后期根系活力减弱,如果缺肥,进行根外喷施。

(3)防涝、防"腾伤"、防倒伏,雨后及时排除积水,浅中耕松土,改善土壤通气条件,有利于根部呼吸。

(4)进入灌浆期后,穗部逐渐加重,倒伏后及时扶起,避免互相挤压和遮阴,减少秕谷,提高千粒重。

(5)谷子成熟后,及时收获,脱粒、晾晒,及时库存。

(6)近几年五莲县农民为便于买家吃到更新鲜的小米,同时卖个更好的价钱,将部分晒干的谷穗密封保存,春节前现吃现磨,获得消费者青睐(图 2.13)。

图 2.13　2019 年 9 月 13 日,五莲县洪凝街道罗圈村成熟期谷子

# 第3章　五莲县主要经济作物气象服务指标

## 3.1　花生气象服务指标

五莲县是山东省重要花生产地之一,目前全县花生种植面积为21万亩,总产量7万t,地膜覆盖率高达98%以上,推广的品种主要有山花9号、丰花1号、花育33号、花育25号、潍花8号、潍花10号等。故本章主要以地膜覆盖春花生为例。

### 3.1.1　播种出苗期(五莲县地膜覆盖春花生适播期为4月下旬)

1. 适宜气象指标

(1)花生喜温不耐低温,普通型和龙生型花生种子发芽最低气温>15 ℃,珍珠型和多粒型花生发芽最低气温>12 ℃。发芽最适气温为25~35 ℃。

(2)5 cm地温稳定在15 ℃时开始播种,高油酸花生5 cm地温>17 ℃。

(3)播种时播种层适宜的土壤含水量为田间最大持水量的70%左右,即耕作层土壤手握能成团,手搓较松散时,最适宜花生种子萌发和出苗。

2. 不利气象指标及影响程度

(1)土壤温度>41 ℃发芽率下降,达46 ℃时不能发芽。

(2)土壤相对湿度>90%时种子呼吸困难,发芽率下降。

3. 建议与防范措施

(1)播种不宜过早,气温低,种子出苗慢和不整齐,种子在土壤中易霉烂,造成缺苗。

(2)土质黏重,土壤板结或盖土厚、水分过多,对出苗不利,以排水良好的砂壤土为最好。

(3)花生播种期如遇干旱,最好采用施水点播等措施,确保花生适时播种出苗。

(4)发现缺苗及时进行补种或是补苗,补种要用原品种的种子催芽后补种,或两片子叶带土移栽,使补栽的苗木和原来苗木生长大小保持基本一致,对后期产量影响较小。

(5)选择优良品种。根据地力水平、生态类型、产量指标和市场需求等,因地制宜选用花生品种,在适宜地区示范推广高油酸花生新品种。青枯病发生严重区选用日花1号,高油酸花生新品种选用花育917。夏直播花生选用山花9号、花育36号,搭配山花 8 号、花育 32 号、潍花 9 号等小花生品种。高油酸花生新品种选用花育 963、鲁花 19。

(6)种子处理。为减少病菌数量,提高种子活力,建议剥壳前晴天晒果 2～3 d。剥壳后分级,选用 1、2 级饱满籽仁分别播种,发芽率≥95%。播种前选用多菌灵、甲基硫菌灵、咯菌腈悬浮种衣剂等拌种或包衣,预防花生根腐病、白绢病等根茎部病害。拌种或包衣后要晾干种皮后再播种。

(7)提高整地质量,改善土壤基础条件。花生地上开花地下结果,荚果生长需土层深厚。冬前深耕或早春深松,深度 25～30 cm。大马力机械可耕到 30～40 cm。深耕不必每年进行,结合轮作每 2～3 年进行一次。通过深耕或深松,打破犁底层,加深熟化耕作层,增加土壤孔隙度和通透性,提高土壤蓄水保肥能力,促进微生物活动。

(8)推广水肥一体化技术,提高水肥利用率。加大膜下滴灌、水肥一体化等高效节水省肥技术的示范推广力度,进一步提高水肥利用率。播种前后要预留或挖好丘陵地堰下沟、腰沟,平原洼地台田沟、横节沟等,预防花生荚果腐烂,保证籽仁品质(图 3.1)。

图 3.1　2019 年 4 月 26 日,五莲县洪凝街道罗圈村地膜覆盖播种期花生

### 3.1.2　出苗—开花期(五莲县春花生出苗—开花期一般在 5 月上旬至 6 月上旬)

1. 适宜气象指标

(1)幼苗适宜生长气温为 20～27 ℃。

(2)以土壤相对湿度 50%～60% 最为适宜。苗期需水约占全生育期需水的 18%。

2. 不利气象指标及影响程度

(1)气温<15 ℃,花生幼苗生长缓慢;气温<8 ℃,幼苗停止生长;当气温下降到0~4 ℃时,持续 6 d 左右幼苗死亡。

(2)气温>27 ℃,气温愈高,出生叶片速度或花芽分体愈快,出苗至开花的时间缩短,加快幼苗生长速度,容易形成弱苗。

(3)土壤水分超过田间持水量的 70%时,又多阴雨天气,使花生植株根弱苗黄。

(4)土壤过分干旱,对幼苗生长不利,造成植株生长不良,花芽分化也受抑制。

3. 建议与防范措施

(1)及时撤土。当子叶节升至膜面时,及时将播种行上方的覆土摊至株行两侧,宽度约 10 cm、厚度 1 cm,余下的土撒至垄沟。覆土不足导致花生幼苗不能自动破膜出土的,要人工破膜释放幼苗,并尽量减小膜孔,膜孔上方盖好湿土,做到保温、保湿和避光,以便引苗出土。

(2)查苗补苗。花生出苗后,立即查苗。缺苗较轻的地方,在花生 2~3 叶期带土移栽。栽苗时间最好选在傍晚或阴天进行,栽后浇水。缺苗较大的地方,及时用原品种催芽补种。

(3)破膜放苗。播种行上方未覆土的地块,当幼苗顶土时,及时破膜压土引苗。膜孔上方盖厚度约 4~5 cm 的湿土,引苗出土。如果幼苗已露出绿叶,破膜放苗要在上午 9 时以前或下午 4 时以后进行,以免高温闪苗伤叶。

(4)及时抠取膜下侧枝。自团棵期开始,要及时检查并抠取压埋在膜下横生的侧枝,使其健壮发育。始花前需进行 2~3 次。

(5)苗期不耐低温,抗霜冻能力最弱。

(6)日照足,分枝多。土壤水分状况较好,适当少施氮肥,对根系生长和形成根瘤有利。

### 3.1.3　开花—结荚期(五莲县春花生开花—结荚期一般在 6 月上旬至 6 月中旬)

1. 适宜气象指标

(1)开花下针期适宜平均气温为 23~28 ℃。

(2)授粉到受精约需 10 d。

(3)土壤相对湿度 60%~70%最为适宜。开花期需水约占全生育期需水量的51%~56%。

2. 不利气象指标及影响程度

(1)气温<21 ℃或>30 ℃,开花数量显著减少。

(2)气温<10 ℃或>35 ℃不利于受精。

(3)气温<19 ℃时,不能形成果针。

3. 建议与防范措施

(1)开花结荚时,对水肥要求高,要有一定的水分,土壤干旱、板结或水分过多,影响结荚饱果。果针入土要求土壤疏松湿润。

(2)花生结荚期注意防旱,遇旱及时浇水,降雨后及时排涝。花生浇水方式建议选择喷灌或小水快速沟灌的方式。

(3)做好花生控棵。高温多雨,花生生长旺盛,容易倒伏,导致花生严重减产。建议在花生盛花期末控制主茎不超过 40 cm。

(4)做好花生病虫害防治。花生生长中期常发生的病虫害有蛴螬和棉铃虫,晚期主要是叶斑病。及时发现病虫害并做好防治工作(图 3.2)。

图 3.2 2018 年 6 月 20 日,五莲县高泽街道结荚期花生

### 3.1.4 结荚—成熟期(五莲县春花生结荚—成熟期一般在 6 月中旬至 9 月中旬)

1. 适宜气象指标

(1)荚果发育最适气温为 25～33 ℃。

(2)花生果仁成熟期最适宜土壤温度为 25～35 ℃。

(3)荚果成熟期最适土壤相对湿度为 60% 左右。荚果成熟期需水约占花生全生育期需水分的 21%～25%。

2. 不利气象指标及影响程度

(1)大粒花生在气温<15 ℃时,小粒花生在气温<12 ℃时,荚果停止生长。

(2)土壤温度>40 ℃或<20 ℃均不利于果仁成熟。

(3)结果层(0~10 cm)土壤相对湿度<40%,干旱,荚果不能正常发育。

(4)土壤相对湿度>80%,通气不良,土壤缺氧,根系早衰,空果、秕果、烂果多。

3. 建议与防范措施

(1)果针入土开始膨大灌浆时,要求较高的温、湿度和黑暗环境。有适宜的土壤水分和高温,对油分积累有利。

(2)出现连阴雨天气,当田间出现积水时,不利于花生荚果的发育生长,多发生空荚或秕粒,还会增加病虫害的发生概率,应及时排水。

(3)花生荚果成熟期注意防旱,及时灌溉,预防温度偏高或偏低。或通过喷施抗旱剂缓解高温干旱带来的危害,抑制蒸腾,减缓水分的消耗,增加花生抗旱能力(图3.3)。

图 3.3　2015 年 9 月 15 日,五莲县中至镇成熟期花生

### 3.1.5　五莲县春花生生长期主要气象灾害

1. 倒春寒

倒春寒会影响花生的适时播种和播种后正常出苗,表现为未拱出土面之前,胚根生长缓慢,子叶顶土能力差,此时如土壤水分过多,烂种量将增大。出苗后,幼苗生长缓慢。4 月底 5 月初遇强冷空气侵袭,容易出现倒春寒天气,最低气温≤-1 ℃,幼苗受冻害干枯或死苗。

2. 连阴雨、涝渍

花生最怕地面积水,在多雨季节常有发生,使花生严重减产。涝渍害易引起烂种,影响出苗率。出苗至开花阶段,土壤水分过多,使根系活力降低,影响植株正常生长和花芽分化。花生开花下针期最怕涝,开花期受涝,则授粉不良;下针期受涝,则不利于下针和果实膨大,常造成烂果、空壳而严重减产。荚果发育期主要集中在 6—8 月,正值五莲县主汛期,降水量大而集中,如出现日降水量>10 mm 连续 7 d 以上连阴雨天气,花生根系土壤水分过饱和引发霉烂,导致死苗或病害。9 月收获季节,如出现秋季连阴雨,日降水量>10 mm 连续 5 d 以上,导致花生烂果、霉果或发芽。

3. 干旱

干旱是花生生产的主要气象灾害之一。春旱对花生的影响及其表现:由于冬季降水稀少,若春季又长时间无雨或雨量明显偏少,就容易发生春旱。春旱影响花生适期播种、正常出苗和幼苗生长不良,以至往往造成缺苗断垄。夏旱对花生的影响:夏旱会造成开花量减少,成针数降低,同时对开花受精、果针入土和荚果发育都有影响。表现为植株会出现萎蔫现象,花荚大量脱落甚至开花中断,果针入土困难,结果不整齐。干旱严重时,会影响到对钙的吸收,表现为缺钙症状,即植株黄化、叶柄脱落、凋萎,顶部死亡。若连续 7 d 无雨,花药开始受旱影响授粉;连续 10 d 以上无雨,花药干枯空粒多;如连续干旱无雨 20 d 以上,花药干枯凋谢基本绝收。

4. 高温低湿

当日平均气温≥28 ℃、日最高气温≥35 ℃、日最小相对湿度<40%时,会造成叶面蒸腾过大根部水分供应不足,引起植株萎缩叶片枯落甚至死苗。

5. 晚霜

春季晚霜在花生播种前出现,会使播期延迟;播种后出苗前发生,发芽率降低,发芽缓慢;出苗后发生,幼苗会被冻伤或冻死。

## 3.2　棉花气象服务指标

五莲县棉花播种面积 0.31 万亩,总产量 587 t,主要在汪湖镇、洪凝街道、许孟镇等地种植。

### 3.2.1　播种出苗期(五莲县棉花播种出苗期一般为 4 月下旬)

1. 适宜气象指标

(1)5 cm 地温稳定达 12～15 ℃时,可播种棉花;地膜覆盖下,5 cm 地温 8～10 ℃即可播种。

(2)棉籽发芽的温度范围为 12～40 ℃,最适温度范围为 20～30 ℃。

(3)棉花出苗对温度要求比发芽高,最适气温为 20～25 ℃,适温范围内,温度越高,出苗越快。棉籽下胚轴伸长并形成导管需要在气温 16 ℃以上进行,气温>16 ℃正常出苗。

(4)0～20 cm 土壤含水量为田间持水量的 60%～70%为宜。

2. 不利气象指标及影响程度

(1)播种期气温<10 ℃,不利于棉籽胚根分化出苗。

(2)当日平均气温低于10~12 ℃时,会发生低温冷害,易发生烂芽烂种现象,初生的幼根会发生碳水化合物和氨基酸外渗,导致皮层崩溃而根尖死亡,即使随后气温回升,也只能在下胚轴基部生出次生根。

(3)当气温达 30 ℃以上时,苗床膜内温度可达 40 ℃以上,易发生烧芽、烧苗现象。

(4)播种后遇大雨,土壤板结对幼苗出土不利。

(5)春季大风、干旱不利于棉花播种出苗。

(6)连阴雨日数≥3 天,播后易烂种,造成毁种。

3. 建议与防范措施

(1)棉田准备保墒造墒,对墒情较好的棉田,耙耱保墒或覆盖地膜,减少水分蒸发;对墒情不好的,适时造墒,可采用畦灌浇透,耕耙保墒待播。灌水一般应在棉花播种前 15 d 进行,以利土壤升温。

(2)合理选用品种,近几年棉花选种存在盲目现象,为取得棉花高产,选用棉花品种时应根据地力、品种特性及肥水情况进行合理的选择。并注意不要连年播种同一品种。

(3)播前晒种有利于提高出苗率,选择晴好天气进行晒种,既能促进棉种后熟,又可杀死病菌,提高出苗率。

(4)五莲县在 4 月中下旬出现阶段性低温天气的可能性大,棉农应做好防范低温冷害的准备工作,密切关注天气预报,在适播期内抓住"冷尾暖头"及时播种。

### 3.2.2　出苗—现蕾期(五莲县棉花出苗至现蕾期一般在 4 月下旬至 6 月下旬)

棉花此期根的生长最快,主根伸长比地上部株高增长快 4~5 倍。

1. 适宜气象指标

(1)棉花幼苗生长的适宜温度为 16~30 ℃。

(2)出苗到现真叶时间长短,与气温高低呈负相关,14 ℃时需 20 天以上现真叶,17 ℃时要 10~12 d,20 ℃时 8~9 d,25 ℃时 5~7 d。

(3)幼苗时期,根际地温降到 14.5 ℃,根系停止生长,17 ℃时根系生长缓慢,20 ℃时根系生长加快,24 ℃以上根系生长迅速,27 ℃时根系生长最快,33 ℃以上根系生长受到抑制。

(4)苗期耗水量约 33~44 mm,占总耗水量的 7%。以 20 cm 土层土壤相对湿度55%~60%左右为宜。

2. 不利气象指标及影响程度

(1)气温高于 33 ℃生长就会受到抑制。

(2)高温干旱,抑制棉株生长。日平均气温<17 ℃,幼苗生长缓慢。最低气温降到 3～6 ℃时部分叶子受冻,−1～−2 ℃以下时植株冻死。

(3)土壤过干,土壤相对湿度小于 50% 时,现蕾数减少。

3. 建议与防范措施

(1)查苗补苗。对于缺苗棉田带土移栽,确保全苗。对连续缺苗不超过 3 棵的,可保留双株,或利用叶枝(疯权)弥补缺苗,不必再补苗。

(2)及时疏苗,培育壮苗。对于播种量大、出苗好、棉苗稠密的棉田,当普遍长出 1 片真叶后,及时疏去小苗、弱苗,做到棉苗叶不搭叶,防止出现高脚苗;棉苗 3～4 片真叶时进行定苗。一般棉田每亩留苗 3500～4000 株。杂交棉田每亩留苗 2000 株左右。

(3)中耕松土,增温促苗。中耕可散墒提温,抑制苗病发生,同时增加土壤空隙、提高地温、促苗早发,特别是雨后要及时中耕松土,破除板结,中耕深度以 5～10 cm 为宜,土壤湿度小宜浅、土壤湿度大宜深,并随着棉苗生长逐渐加深,苗期一般中耕 3～5 次。

(4)巧施苗肥、促苗整齐。定苗后对弱小苗可浇灌 2% 的尿素水,促使小苗赶大苗。对于三类棉田或底肥不足的棉田,一般每亩施 5 kg 尿素,促苗升级。

### 3.2.3  现蕾—开花期(五莲县棉花现蕾至开花期一般在 6 月下旬至 7 月下旬)

1. 适宜气象指标

(1)要求 15 ℃以上的气温,最适气温为 25 ℃左右。

(2)进入夏季,棉田耗水量增加,每天每亩棉田需 3～4 m³ 水,整个蕾期约需 57～88 mm 降水,占总耗水量的 14.6%。

(3)适宜土壤相对湿度为 60%～70%。

2. 不利气象指标及影响程度

(1)日平均气温<20 ℃,影响现蕾。

(2)现蕾期干旱日数>30 天,造成生长受阻,现蕾推迟。

(3)田间持水量<50%,气温>30 ℃,抑制生长。

(4)连绵阴雨延迟现蕾,容易徒长。

3. 建议与防范措施

(1)棉花现蕾到封行前抓紧中耕 2～3 次,雨后或浇水后及时进行中耕,一般中耕深度以 8～10 cm 为宜,结合中耕进行培土,培土要分次进行,最终培土高度达 15～25 cm,防止中后期倒伏。

(2)如果蕾期持续干旱,棉苗缺水长势弱,应及时轻浇水。浇水尽量采用小水沟灌,浇水后及时中耕。在高温晴天浇水应在上午 10:00 以前和下午 4:00 以后进行,避免地温剧烈变化对植株的伤害。

(3)蕾期重点加强棉蚜、红蜘蛛、盲椿象等的监测和防治,适期防治,对症用药,保证棉株正常生长。

### 3.2.4　花铃期(五莲县棉花花铃期一般在7月下旬到9月中旬)

1. 适宜气象指标

(1)花铃期适宜温度为25～30 ℃,开花结铃要求月平均气温24 ℃以上。

(2)开花—吐絮的适宜积温指标:≥10 ℃的积温1350～1400 ℃·d,下限积温指标:≥15 ℃的积温不得少于1100 ℃·d。

(3)棉花从开花到降霜,日平均气温>15 ℃的积温不足400 ℃·d时,为无效铃。8月中旬前开花的棉铃,铃期平均温度为20～25 ℃,50日铃期间≥18 ℃积温为900～1250 ℃·d,纤维沉淀多,成熟好,品质优。铃期平均温度降至20 ℃以下,50日铃期间≥18 ℃积温不足800 ℃·d时,纤维强度、断裂度、长度均较差,品质低下。

(4)花铃期棉田叶面积达最大值,需水也进入高峰期,耗水量为230～346 mm,占总耗水量的51%,土壤相对湿度以70%～80%为宜。

(5)需要良好的光照条件,影响蕾铃是否脱落,日均日照时数8～10 h。

2. 不利气象指标及影响程度

(1)气温<15 ℃棉铃生长缓慢,甚至停止生长。

(2)温度过高影响花粉活力,妨碍光合作用,增强呼吸作用,提高棉叶的蒸腾强度,造成蕾铃脱落。开花期间日平均气温>30 ℃,蕾铃脱落量增加,>32 ℃脱落严重。

(3)土壤相对湿度<60%或>85%,蕾铃脱落严重。

(4)日均日照时数<7h,影响光合产物,植株体内含糖量下降,不利于蕾铃发育;下部叶片缺光,使下部叶片得不到必要的营养,造成蕾铃大量脱落。

(5)开花当天遇雨,花粉吸水破裂,不能正常授粉。开花期间遇暴风雨和冰雹会引起蕾铃脱落。暴风雨和冰雹持续时间越长,幼铃脱落越严重。

(6)高温多雨天气造成植株旺长,棉田郁闭,易引起烂铃,五莲县8月的天气,造成烂铃比较常见。

3. 建议与防范措施

(1)天气干旱,基肥、蕾肥施得较少,棉株长势较弱,铃肥要早施、重施。若天气多雨,蕾肥施得较多,棉株长势旺盛,铃肥应迟施。一般在7月底到8月初棉花打顶后亩施尿素2.7～3.3 kg;若底肥足,土壤肥,棉株旺长的棉田,可不施盖顶肥。

(2)在7月下旬至8月上旬打顶,只摘除顶心,严禁一把揪,且应分次进行,使全田生长一致。同时打掉各果枝的生长点,控制果枝的横向生长,作用与打顶相似。

(3)进入花铃期若遇干旱(8～10 d不下雨),近期内又无大雨时,应及时浇水,以水调肥,促进肥料分解和根系吸收,同时做好下促上控。一般采用沟灌,浇水后要适时中耕保墒。

(4)若雨水过多,应注意排水,以免蕾铃脱落。

### 3.2.5    吐絮期(五莲县棉花吐絮至停止生长期一般在 9 月中旬至 10 月下旬)

1. 适宜气象指标

(1)充足的光照,较高的温度和较低的湿度,晴天,微风,气温在 20 ℃以上。

(2)吐絮期下限气温为 15～16 ℃,以 20～30 ℃较合适。

(3)吐絮期需水量为 120～160 mm,占总耗水量的 27％,土壤相对湿度以 50％～70％为宜。

2. 不利气象指标及影响程度

(1)成熟期气温<16 ℃棉花纤维停止生长,9 月上旬以后开的花因热量不足,不能成桃吐絮。

(2)棉花生育后期气温骤降,日平均气温<15 ℃时,纤维不能伸长纤维品质变差。日平均气温<10 ℃,日最低气温降到－1 ℃时,植株停止生长,最低气温－2～－3 ℃时,植株死亡。

(3)土壤水分过大,不利棉桃迅速脱水裂铃,同时易发生病虫害、烂铃,引起徒长,延迟成熟。

(4)土壤水分不足,根系吸收作用和叶片光合作用将受到严重阻碍,易引起植株早衰,叶片变黄脱落,降低产量和品质。干旱严重时,甚至造成全株死亡。

(5)土壤水分降至田间持水量的 40％以下,棉株早衰。

(6)极大风力≥5 级,大量蕾铃落铃。

(7)连阴雨天数>5 d,大量蕾铃落铃。

3. 建议与防范措施

(1)棉花喜温喜光,在土壤湿度大而空气较干燥的环境中有利于增产。

(2)≥10 ℃积温达 2100 ℃·d 时打顶为宜,注意做好整枝工作,包括打老叶、去空枝、打边心等。

(3)秋季日平均气温降至 10～12 ℃时,喷施乙烯利为宜,但要注意 80％的棉桃都达到已成熟,注意各阶段防治病虫害。

(4)除去晚铃,有利于棉株养分集中供应伏桃和早秋桃发育。

(5)当棉桃龄期达到 40 d 时,若遇连阴雨天气,易出现烂铃,可把铃期在 40 d 以上、铃壳已变黄和开始出现黑斑的棉铃,在未烂之前抢摘下来,将摘下的棉桃在 1％的乙烯利溶液中浸蘸后晾晒,可以得到吐絮较好的棉花。

### 3.2.6    五莲县棉花生长期主要气象灾害

1. 干旱

棉花蕾期至初花期受旱后,棉株叶色灰绿,叶片中午萎蔫,傍晚不能恢复,顶心不随太阳转。花铃期受旱,棉株中、上部干黄的蕾、铃明显增多。吐絮期受旱,棉田一片黑褐色,干铃、僵铃多,吐絮铃少。

### 2. 高温

一般棉花在气温达到 35 ℃以上时,会造成花粉活力迅速下降,蕾铃大量脱落;气温达到 40 ℃以上时,棉花会停止生长。高温影响时间越长,在温度正常后恢复生长需要时间也越长。如果高温影响时间长,可导致棉花细胞受伤害而死亡,温度太高能促使棉花叶片衰老,缩短干物质生产时间,导致严重减产。

### 3. 大风

晚春大风主要危害棉苗植株,导致叶片受损而残缺、被吹干变焦或萎蔫,植株顶端幼嫩部分折断,造成棉花光合器官受损或形成多头棉,导致生长缓慢,影响产量,严重的可因风沙袭击而致死,造成绝产。

### 4. 阴雨

播种后出苗前遭遇连阴雨,出苗缓慢,棉苗大小不齐,缺苗断垄严重。遭遇暴雨土质黏重的棉田,常在播种孔穴上形成坚硬的土疙瘩像“瓶塞”,使棉苗无法出土,形成“卡脖子苗”。现蕾期、开花期遭遇连阴雨,推迟现蕾,或不能授粉,花铃期连续降雨,幼铃变褐色脱落,大铃铃壳变红或霉烂。吐絮期遭遇连阴雨纤维霉烂,棉花产量和质量下降。

### 5. 冰雹

苗期雹灾导致子叶节折断或多处受伤,有的嫩苗死亡。蕾期雹导致棉株主茎折断,或部分叶片破碎,严重时棉株成光杆。花铃期雹灾棉铃表面有伤点或伤斑,严重时大部分棉株成“光杆”。

## 3.3　大豆气象服务指标

大豆种植又分春大豆和夏大豆两个播种季节。一般情况下,春大豆播种时间是在清明节前后开始。农村有句农谚“清明节前后,种瓜种豆”,即 4 月上旬至中旬播种。在五莲夏大豆的种植面积多,故本节大豆气象指标以夏大豆为例。

### 3.3.1　播种期(五莲县大豆播种期一般在 6 月中旬)

#### 1. 适宜气象指标

(1)大豆播种适宜气温在 10～16 ℃,播种的最低气温为 8～10 ℃,最高气温为 33～36 ℃。一般日平均气温＞8 ℃开始播种,10 cm 地温＜8 ℃,种子不能发芽。

(2)大豆种子萌发阶段需要较多的水分,一般吸收的水分约为本身重量的 1.2～1.5 倍,播种的适宜土壤相对湿度为 60%～70%。

#### 2. 不利气象指标及影响程度

(1)土壤温度＜8 ℃,大豆播种后不能发芽。土壤温度＜14 ℃,大豆发芽缓慢。

(2)土壤相对湿度＞80％或＜50％对种子发芽均有影响,对发芽不利。

(3)持续连阴雨天气,日数＞10 天,种子易腐烂。

3. 建议与防范措施

(1)注意遇有干旱天气时,及时抗旱保墒播种,争取全苗、壮苗。

(2)夏大豆的品种选择,应当根据土壤状况和自然气候状况等因地制宜选择最适合品种,建议选择成熟期适宜、高产稳产性好、抗逆抗病性强的。

(3)不适合重茬连作,种植大豆的地最好是近几年都没有栽种过大豆的,播种之前对种植土壤进行深耕。

### 3.3.2　幼苗期(五莲大豆幼苗期一般在 6 月下旬到 7 月下旬)

1. 适宜气象指标

(1)大豆幼苗生长的适宜温度为 20～22 ℃,最低温度为 8～10 ℃,最高温度为 33～36 ℃。

(2)苗期对降水量需求较高,约占总量的 20％。适宜土壤相对湿度为 60％～70％。

2. 不利气象指标及影响程度

(1)温度过高或过低,对幼苗不利。温度＞40 ℃或＜13 ℃,幼苗生长受限。

(2)干旱,土壤湿度＜50％,对幼苗不利。

3. 建议与防范措施

(1)大豆出苗后,及时查看田间缺垄、断垄情况,刚出苗可以补籽,没有种子时可以进行幼苗移栽。

(2)查苗后及时间苗,对于密度过大的豆田进行间苗定苗,对密度基本合理的豆田要拔去"疙瘩苗"和"拥挤苗"。

(3)幼苗期生长缓慢,群体小杂草容易蘖生,应进行中耕、松土、促进根系发育,且可蓄水。

(4)苗期虫害有地老虎、蚜虫、菜青虫等,应及时防治。

(5)遇有干旱天气时,及时划锄保墒,抗旱保苗(图 3.4)。

### 3.3.3　分枝期(五莲县大豆分枝期一般在 7 月下旬至 8 月上旬)

1. 适宜气象指标

(1)分枝期适宜温度日平均气温为 20～24 ℃。

(2)降水正常,降水量 40～60 mm。

(3)分枝期适宜土壤相对湿度为 65％～70％。

(4)无干旱、冰雹天气。

2. 不利气象指标及影响程度

(1)夜间气温＜14 ℃生长发育受阻碍。

图 3.4　2019 年 7 月 10 日,五莲县洪凝街道罗圈村幼苗期大豆

(2)降水量偏多,降水量>70 mm,土壤水分过多,根系发育不良,容易徒长。

(3)土壤相对湿度<60％、>90％对分枝和花芽形成都不利。

(4)干旱,降水量<30 mm,影响分枝生长。

**3. 建议与防范措施**

(1)干旱情况下可进行灌溉,以喷灌、滴灌为最佳灌溉措施。

(2)及时追肥,大豆的分枝多少决定大豆的结果数,适当追施钾肥,促进分枝壮秆。

(3)合理控旺,控制旺长有利于提升大豆的分枝数、结果数,解决大豆营养生长与生殖生长的矛盾,控旺应少量多次,即用低剂量的控旺剂分 2~3 次控旺。

(4)由于该期高温多雨频发,杂草多,应及时进行中耕除草。中耕时根据具体情况掌握深度。旺长地块深些,一般地块浅些。

### 3.3.4　开花结荚期(五莲县大豆开花结荚期一般在 8 月中旬至 9 月上旬)

**1. 适宜气象指标**

(1)花期需水量较大,所需水分占全生育期的 60％以上。无伏旱,降水量70~130 mm。

(2)无连阴雨,连续降水日数小于 2 d。

(3)气温适宜,23~26 ℃。

(4)相对湿度 70％~80％。

(5)土壤水分充足。

(6)大豆是短日照植物,但开花结荚期需充足的光照,日均日照时数 8~10 h。

**2. 不利气象指标及影响程度:**

(1)连阴少光,日照时数<5 h,或光照偏长,日照时数>12 h。开花期光照不足或过足,花量大量减少,造成减产。

(2)气温偏低,<17 ℃花芽不分化,<13 ℃停止开花,<20 ℃落花严重。

(3)相对湿度>90%或<20%,不利于开花,影响严重。如果遇干旱不能及时浇水,会造成落花、落荚或不鼓粒,如果降水或浇水过多,形成内涝,也会造成开花不鼓粒现象。

(4)气候剧变,易落花落荚。

3. 建议与防范措施

(1)开花结荚期是大豆的需水关键期,大豆叶面积达到最大值耗水量增大,当叶片颜色出现老绿、中午叶片萎蔫时,要及时浇水,否则花荚脱落。此时土壤干旱对大豆的产量和品质影响很大。注意出现伏旱时及时灌溉,保障开花结荚和光合作用的顺利进行。

(2)雨天应注意排涝,同时应根据植株的长势、长相确定保护措施,高产田为防止倒伏和旺长,可以喷施矮壮素防倒。

(3)开花结荚期主要争取花多、花早、花齐,防止花荚脱落和增花、增荚,弱苗初花期追肥,壮苗不追肥,防止徒长。花荚期追磷肥效果明显,一般进行叶面喷施,如磷酸二氢钾、豆饱饱等(图 3.5)。

图 3.5　2019 年 8 月 15 日,五莲县洪凝街道罗圈村开花结荚期大豆

### 3.3.5　鼓粒期(五莲县大豆鼓粒期在 9 月中旬至 10 月中旬)

1. 适宜气象指标

(1)鼓粒期适宜气温为 23～25 ℃。

(2)大豆灌浆鼓粒适宜的土壤相对湿度为 70%～85%。

(3)鼓粒期需要充足的光照,以保证物质的运输、转化和籽粒脱水。

2. 不利气象指标及影响程度

(1)日平均气温低于 23 ℃时,灌浆不畅,容易造成秕粒。

(2)在大豆鼓粒期,高温会直接降低大豆籽粒的活力和品质,最高温度在 33 ℃左右,发育不正常籽粒占总数 50% 以上,在 38 ℃左右,发育不正常的籽粒接近 100%。低温则会导致干物质积累速率放缓,产量降低。

(3)田间持水量过大,如排水不良,造成积水也会影响大豆的正常生长,引起花荚脱落或秕荚。

3. 建议与防范措施

(1)鼓粒期是大豆需水最多的时期,鼓粒前期遇旱,灌鼓粒水可显著提高粒重和产量,改进大豆品质。鼓粒后期减少土壤水分,促进黄荚早熟。浇灌时应注意天气,不要大水漫灌,浇后 24h 尽量不出现大风雨。雨后田间积水,应及时排除。降水过后及时划锄保墒。

(2)生育后期,气温高、湿度大,行间杂草发育快,生长高大,与大豆争肥、争水,必须尽早清除。在杂草种子未成熟前,人工拔除田间杂草。

(3)在鼓粒初期,如果发现有早衰现象,应及时进行叶面喷肥。

### 3.3.6　成熟期(五莲县大豆成熟期一般在 10 月中旬前后)

1. 适宜气象指标

(1)阳光充足,天气晴朗,昼夜温差大,有利成熟。

(2)温度适宜,日平均气温 18 ℃左右。

(3)无大风,风力<3 级,无高温,最高气温<35 ℃。

(4)土壤相对湿度 65%～75%。

2. 不利气象指标及影响程度

(1)气温:≥30 ℃偏高,大豆成熟,易炸荚;<15 ℃偏低,不利于成熟。

(2)连阴雨:日数>7 d,不利于成熟和收打。

(3)大风:风力≥5 级,大豆成熟后期易炸荚。

3. 建议与防范措施

(1)大豆的适宜收获期为黄熟末期到完熟期,过早收获,籽粒尚未充分成熟,干物质积累还在进行,降低百粒重和脂肪含量。过晚收获,豆荚炸裂,籽粒落地减产。人工收获宜在大豆黄熟末期进行,即当豆叶脱落 90%,茎和荚全部变黄,荚中子粒与荚壁脱离,用手摇动植株有响声,即为最佳收获期。

(2)最好在晴天早晨或上午进行,以防炸荚。

(3)注意大豆成熟后,及时收打晾晒入仓(图 3.6)。

### 3.3.7　五莲县大豆生长期主要气象灾害

大豆的灾害性天气有干旱、渍涝、低温、霜冻、冰雹以及引起病虫害的其他气象条件。

图 3.6　2019 年 10 月 10 日,五莲县洪凝街道罗圈村成熟期大豆

### 1. 旱灾

干旱是大豆最常见的灾害性天气,干旱的持续时间和强度决定大豆的减产数量。大豆各个生长阶段的耗水量差异很大。播种到出苗时期,如水分不足或中途落干,种子勉强发芽、出苗,也难以达到全苗壮。分枝至开花由于花芽陆续分化,进入营养生长和生殖生长并进阶段,大豆对水分的要求开始增长。开花至鼓粒阶段大豆需水最多,是大豆需水的关键时期,蒸腾作用强度在这个时期达到高峰,干物质也直线上升。因此这个时期及时而充分地供给水分,是保证大豆高产的重要措施。大豆鼓粒至完熟,若干旱缺水,则瘪粒、瘪荚增多,而粒重下降。

### 2. 渍涝

恶劣暴雨天气导致大豆田地积水,如积水时间过长,易致烂根、死苗而出现缺苗现象。大豆出苗期一般不宜灌水,应适当控制水分,促进根系深扎,增强抗倒伏能力,正值大豆蹲苗扎根,若土壤水分过多,根不下扎,茎节细长,中后期易倒伏。大豆花荚期雨水过多时,若排水不良,土壤水分长期处于饱和状态,也会造成大量花荚脱落。大豆收割期如果遇到暴雨,将会延误收获。

　　3. 低温、霜冻

　　大豆是喜温作物,大豆要吸收足够的热量才能充分成长,在各生长发育阶段对温度都有不同要求。整个生育期所需积温,一般要求在 2400～3800 ℃·d。低温天气使大豆延迟成熟,大豆株矮、叶小,影响大豆结荚数量,最终影响大豆的单产。霜冻天气会使大豆干枯死亡。

# 3.4　烤烟气象服务指标

### 3.4.1　烤烟苗床期(五莲县烤烟苗床期一般在 3 月上旬至 4 月下旬)

　　1. 适宜气象指标

　　(1)种子发芽的适宜温度为 25～30 ℃。母床期温度一般控制在 13～25 ℃,假植后,温度最好控制在 20～28 ℃,保持烟苗的正常生长发育。

　　(2)播种后要求光照充足,地温较高。烟苗还苗后,要有较为充足的光照,以利于烟苗的光合作用。

　　2. 不利气象指标及影响程度

　　(1)温度<15 ℃或>30 ℃都不利于幼苗的生长。

　　(2)若播种后出现低温连阴雨天气,将影响出苗时间,或者造成烟苗生长缓慢,个体弱小。

　　(3)烟苗假植后要避免直接接受强光照射,否则易使小苗萎缩,还苗慢,成活率降低。

　　3. 建议与防范措施

　　(1)引进优质、抗病、易烘烤、纯度高、生命力强的种子。

　　(2)苗床的水分管理,以浇足底墒为原则。从播种到出苗,保持苗床湿润、松软,否则影响种子发芽。一般在浇足底墒水的情况下,不必再浇水,如确需供水,可在早晨或傍晚喷水。

　　(3)幼苗在十字叶期,如需浇水,应以浇小水为宜。竖叶期,应适当控制水分,以利根系发育。

　　(4)根系活动层的土壤含水量应保持田间最大持水量的 60% 左右,床土表面呈现不干不湿的状态,如果早上表土不返潮时,即需浇水,以接底墒为宜。

　　(5)后期通常以断水靠苗为主,本着不旱不浇的原则进行管理,以提前锻炼烟苗抗逆力。如果晴天中午叶片表现萎蔫,早、晚不能恢复,应适量浇水。

　　(6)全育苗过程中,任何时期都不得有积水现象(图 3.7)。

### 3.4.2　烤烟移栽期(五莲县烤烟移栽期一般在 4 月下旬至 5 月上旬)

　　1. 适宜气象指标

　　(1)烤烟移栽时,日平均气温必须稳定>18 ℃,地温>10 ℃。

图 3.7　2018 年 4 月 18 日,五莲县汪湖镇古城村苗床期烤烟

(2)烤烟移栽时降水量稍多,有利于栽后烟苗的成活和及时还苗。

(3)还苗后土壤水分少些,有利于伸根。还苗期要求土壤水分含量保持在田间最大持水量的 65%～70%,伸根期应保持在田间最大持水量的 50%～60%。

2. 不利气象指标及影响程度

(1)移栽以后气温若低于 13～16 ℃,就会造成烟苗后期不能正常生长,品质差。

(2)烟叶霜冻指标为叶温<－5 ℃,持续 2h 左右。

3. 建议与防范措施

(1)烤烟移栽时,温度低,最好在无风的晴天进行。

(2)土壤水分过大或雨后不宜移栽,容易造成土壤板结,阻碍烟株根系发育和对水分养分的吸收,延误烟苗早发。

(3)起苗移栽前剪叶,减少蒸腾,可有效提高成活率。

(4)移栽后 5～7 d,要及时查看烟田,对不能正常返苗的烟苗进行及时的清除和补栽。发现较小的烟苗,要适当多施肥,多浇水,促进小苗早生快发,提高烟田生长整齐度。

(5)移栽后至团棵期忌大水漫灌,以防影响根系发育,导致病毒病发生,遇到特别干旱,土壤水分不足幼苗生长受阻,采取单株打孔补充水分(图 3.8)。

### 3.4.3　烤烟团棵期(五莲县烤烟团棵期在 5 月上旬至 6 月下旬)

1. 适宜气象指标

(1)大田生长期间适宜气温为 25～28 ℃。

图 3.8　2019 年 5 月 9 日,五莲县汪湖镇方城村移栽期烤烟

(2)昼夜温差>10 ℃,有利于烟叶品质的提高。

(3)优质烤烟通常需要降雨充足且均匀,在大田生育期内,月均降雨量 100～130 mm 较适宜,土壤水分应保持在田间最大持水量的 80%。

(4)团棵期充足的光照条件下,烟叶品质较佳。

2. 不利气象指标及影响程度

(1)气温<15 ℃和>35 ℃均不利于烟株的生长,此外,低温容易引起早花。

(2)出现大风、冰雹等恶劣天气。

3. 建议与防范措施

(1)团棵期是烟株营养生长与生殖生长并进时期,但仍以营养生长为主;烟株体内代谢方向由氮代谢向碳代谢转变,但仍以氮代谢为主。这一时期对光、肥和水的要求较高,消耗水分约占全生育期 50% 以上,对氮、磷、钾三要素的吸收则占 50%～60%。

(2)团棵期是烟株旺盛生长需水需肥最多的时期,管理上要在施足底肥的基础上,重浇旺长水,以水调肥,以肥促长,但要根据烟株长势长相和土壤肥力状况做到促中有控,促而不过,以防烟株徒长。

(3)在合理密植的前提下,防止烟株早花和底烘现象的发生。

(4)强化抗灾措施。把抗灾、减灾作为当前烤烟生产的中心工作来抓,充分利用现有烟水配套设施,配合气象部门做好大风、冰雹等自然灾害天气的预测预防工作,将灾害损失降至最低(图 3.9)。

### 3.4.4　烤烟成熟期(五莲县烤烟成熟期一般在 7 月上旬至 8 月下旬)

1. 适宜气象指标

(1)适宜气温为 20～25 ℃,持续 30 d。

图 3.9　2019 年 5 月 18 日,五莲县汪湖镇方城村团棵期烤烟

(2)成熟期土壤水分应保持在田间最大持水量的 60%～65%。

(3)每日要求日照时数＞10 h。

2. 不利气象指标及影响程度

遭遇连阴雨天气,不利黄烟收获采摘。

3. 建议与防范措施

(1)正值汛期,雷暴、冰雹、大风、暴雨等灾害天气时有发生,需加强防洪排涝及人工防雹等工作,及时排除烟田积水,降低烟田湿度,减少病害发生。喷药时要喷施均匀,选择晴好天气。

(2)该期由于雨水较多,对烤烟成熟采烤较不利。建议及时关注天气预报,适时抢采抢烤。

(3)如果烟株返青现象严重,要适当推迟采烤时间,充分养好烟叶成熟度,根据烟叶成熟度适时采收,科学烘烤(图 3.10)。

图 3.10　2019 年 8 月 18 日,五莲县汪湖镇方城村成熟期烤烟

### 3.4.5　五莲县烤烟生长期主要气象灾害

烟草的气象灾害主要为:低温和高温危害、干旱、渍涝、大风、霜冻和冰雹等。大风和冰雹天气对烟叶的危害比对其他任何作物都严重,不论是在苗床或大田期,都可能会带来严重的损失。

1. 低温和霜冻

在苗期或移栽后长期生长在低温条件下,易导致早花减产。不仅烟草幼苗怕霜冻,成熟的叶片受霜冻危害后影响更大,受霜冻的烟叶从叶尖开始,初呈水渍状,后变为褐色,严重影响烟叶品质。

2. 高温

烤烟生长期内温度高于 30 ℃,特别是 35 ℃时干物质的消耗大于积累,热害使烟叶的质量明显降低。在五莲县烟草生长期间,当大田温度>35 ℃,生长受到抑制,烟碱含量增高,影响品质。

3. 渍涝

在伸根期,渍涝影响根系的形成和发育;在旺长期以后,容易发生病害;在成熟期,则不利于烟叶成熟落黄。如果烟田受涝严重,或积水成灾,由于土壤中缺氧易影响根系的正常生长和吸收,时间一长,随着土壤中还原物质的增加致使烟根中毒,甚至腐烂,烟株发生萎蔫或死亡。各种淹水条件下,烟株各部位烟叶中的总氮含量显著提高,处于旺长期的烟株对渍涝敏感,此期淹水烟叶化学品质下降严重,而且各生育期淹水,烟叶的化学品质随淹水时间、淹水深度的增加呈显著下降趋势。

4. 干旱

烟田缺水,烟株生长缓慢,甚至停滞不前,叶片小而厚,组织紧密,蛋白质、尼古丁等含氮化合物增加,烟味辛辣,品质低劣。

5. 大风

烟草植株高大,叶片大而柔嫩,5 级以上大风,对烟株影响很大,尤其是接近成熟的烟叶遭受风灾,产量和品质会受到严重影响,一般植株上部叶片受害较重。若在生长中期刮大风,气候干燥影响烟株生长,促使病害发生或叶片反转(叶背朝上),曝晒后呈白色,对品质不利。

6. 冰雹

冰雹灾害是烤烟生产的主要灾害之一,多发生在 5 月至 6 月烤烟大田生产期间,呈现出突发性强、范围广、强度大、灾情重等四大特征。五莲县烟叶种植主要乡镇处于全县冰雹易发路线上游地区,几乎每年都有冰雹发生,烟株遭受冰雹袭击后,轻者叶片形成孔洞,重者主茎折断,叶片砸落,且产生伤口容易感病,烟株倒伏,影响烟叶的产量、质量,造成较大经济损失。

## 3.5　茶树气象服务指标

五莲绿茶具有"叶片厚、滋味浓、香气高、耐冲泡"的特色。1966 年五莲县"南茶北引"获得成功。五十多年来,五莲茶叶不断发展,特别是自 2009 年以来,五莲县政府立足实际、科学决策,把茶叶生产确立为农业特色经济的支柱产业重点培植,致力建设"江北绿茶第一基地"。五莲绿茶区域内(潮河镇、户部乡、叩官镇、街头镇、松柏乡)茶园面积已达到 3 万亩。五莲县地处山东省东南部,东邻黄海,属暖温带湿润季风气候,光照充足,雨量充沛。境内山地丘陵土壤呈微酸性,属黄棕壤土,含有丰富的有机质和微量元素。优越的沿海气候条件和优良的环境,孕育了五莲绿茶"叶片厚、滋味浓、香气高、耐冲泡"的独特品质,五莲绿茶因此被誉为"江北第一茶"。

茶树在一年中随季节变化的特性称季节生长周期,主要表现在新梢具有明显的轮性生长特点和花果、根系生长的季节变化。在自然生长条件下,茶树全年有 3 次生长和休止,分别是春茶采摘期(4—5 月)、夏茶期(6—7 月)、秋茶期(8—10 月)和越冬期。把日平均气温稳定通过 10 ℃ 的初日至终日作为茶树的生长期。统计五莲县近 30 年气候资料,茶树生长期为 4 月 6 日至 11 月 1 日。

### 3.5.1　春茶期(五莲县露天春茶采摘期一般在 4 月中下旬至 5 月下旬)

#### 1. 适宜气象指标

五莲露天春茶的开采期一般在 4 月中下旬,但由于五莲春季降水不稳定,常有春旱,云雾少,湿度小,日照百分率高,导致春芽产量不稳定。在水分充足、温度适宜的条件下,春茶的产量占全年总产量的 1/3 左右,产值约占年产值的 70%,且春茶具有"绿、香、浓、净"的独特魅力,多为上等好茶。

(1)温度。当日平均气温稳定通过 10 ℃ 左右的时候,茶芽开始萌动,14～16 ℃ 时开始展叶,达到 15～25 ℃ 期间,茶树生长较为迅速。五莲县春茶期气温较高,日平均气温 14.2 ℃。因温度适宜,积温有效性好,生长日期长,所以春茶质量最好,色好、味浓、耐冲、营养丰富。

(2)湿度。春茶期适宜相对湿度 70%～90%。

(3)日照。茶树具备耐荫特性,需要较短的日照,适宜茶树生长的月日照百分率 <45%。

(4)降水。茶树是需水较多的作物,适宜茶树生长的月降水量 >100 mm,月平均供水量一般不能 <70 mm(图 3.11)。

#### 2. 不利气象指标及影响程度

(1)早春低温及倒春寒天气。萌芽期温度 <3 ℃,展叶期 <2 ℃,一芽二叶期 <0 ℃,均使茶叶受冻。早春低温使茶芽萌动延迟,生育减慢,影响春芽的数量,延迟春茶的采摘日期。

图 3.11　2020 年 4 月 18 日,五莲县富园春茶园春茶期茶树

(2)湿度。湿度<50％时新梢生长将受到抑制,<40％茶树将受害。

(3)五莲春季常有春旱发生,若连续几个月的降雨量<50 mm,茶叶产量显著降低,不仅减缓了茶树新梢生长速度,还减缓了春茶茶芽的数量,导致叶形变小,叶色失去光泽,形成对荚叶,直接降低春茶产量。

3. 建议与防范措施

(1)及时通过烟熏、凝雾等方式降低春季冻害对茶树造成的影响。

(2)茶园选择在群山环抱、绿树掩映的山坞、阴山坡或山间小盆地中,其日照时数短,便于提高茶树品质。

(3)平地茶园周围栽培防护林,直接或间接减弱太阳辐射强度。

(4)遇到干旱天气,在有微喷设施的茶园应该适时浇灌。返青水对茶树促进生长,增强树势,减缓冻害程度有非常重要的作用。浇返青水要适时足量,一般在天气预报没有大寒流的情况下,于春分至清明时期连续 5 d 最低气温 6 ℃,最高气温 15 ℃左右进行浇水,才能达到理想的效果,浇水过早反而易造成茶树冻害。

(5)适时撤除越冬防护物料。对采用培土越冬的幼龄茶园要及时退土,以促进茶苗的正常生长。退土一般分两次进行,第一次于"春分"后进行,先退去苗高的二分之一,第二次于"清明"前后将覆土全部退出;对采用拱棚越冬的茶园,根据气温变化,及时通风散热,防止叶片灼伤,待气温回升以后再将薄膜撤出;对采用挡风障、行间铺草、蓬面盖草的茶园要在"春分"前后及时撤除防护物料。

(6)茶园施肥。春季茶园施肥应选择茶树生物专用肥、茶树控释肥及叶面微肥,施肥后不仅能使茶树迅速恢复生机,而且促进茶芽萌发和新梢生育。撤除越冬防护物料后及时进行春季施肥,每亩追施纯氮量投产茶园不超过 15 kg,幼龄茶园6~8 kg。

(7)茶树修剪。修剪是培养树冠、更新复壮树势的有效技术措施,茶树修剪分为定型修剪、轻修剪、深修剪、重修剪和台刈五种类型。因此要根据生产要求,采取相应的修剪方法。对幼龄茶园主要是定型修剪,修剪时间宜于"春分"后开始进行。一年生茶园定剪高度 15 cm,二三年生茶苗每年提高 10 cm 定剪;对投产茶园于"春分"前后进行 1 次轻修剪,修剪时要掌握"宁浅勿深"的原则,一般修剪深度为 3~5 cm 为宜;对冻害较重的应将冻死的枝梢全部剪除,剪口要落到鲜口处。

(8)松土保墒。春季随着气温的逐步回升,茶园土壤水分蒸发量不断加大,茶园松土后,不仅能减少土壤水分蒸发,而且能提高地温,促进茶树及早发芽。松土要及早进行,浇水后或雨后要及时搞好松土保墒工作。一般松土深度为 5~7 cm,松土时要整细整平。

(9)霜冻的预防。做好茶园"倒春寒"预防工作。霜冻对春茶的影响较大,积极做好霜冻的预防十分重要。霜冻的预防,可采取以下措施:熏烟驱霜、喷水洗霜、覆盖防霜。

### 3.5.2　夏茶期(五莲县夏茶采摘期一般在 6 月上旬至 7 月下旬)

1. 适宜气象指标

进入汛期,五莲县降水充沛,温度较高,湿度较大,日照百分率小,对茶树生长非常有利。在五莲,夏茶一般采摘两轮,产量占全年的1/2左右。

(1)温度。当平均气温为 20~25 ℃,水分和空气湿度条件很适宜时,茶芽的生长速度最快。五莲夏茶期的日平均气温 24.5 ℃,适宜茶树生长。

(2)日照。当月日照百分率<45%时,光照柔弱条件下能够生产出优质绿茶。五莲夏茶期降水多,云雾多,平均日照百分率为 48%,基本适宜茶树生长的需求。总体来说,在五莲各茶树采摘期,夏茶期的日照条件最好。

(3)降水。茶树作为叶用作物,在茶叶采摘进程中,新梢不断萌发,不断采收,需要不断地补充水分。夏茶期适宜月降水量 100~200 mm,五莲夏茶期的降水总量为269.7 mm,月均降水量 134.9 mm,占全年降水量的 36%,完全满足该期茶树对水分的需求。

(4)湿度。湿度高可以减少土壤水分蒸发,降低茶树蒸腾作用,提高水分利用率。适宜相对湿度为75%～95%,当相对湿度高于90%时,往往可形成云雾,降低直射光强度,改变光质,增加漫射光比例,有利于茶叶优良品质的形成。

2. 不利气象指标及影响程度

(1)温度。茶树一般可耐的最高温度是34～40 ℃,生存临界温度是45 ℃。当日平均气温高于30 ℃,新梢生长就会减缓或停止,如果气温持续超过35 ℃,新梢就会枯萎、落叶。

(2)降水。月降水量<100 mm,茶叶产量会降低。五莲县易受太平洋副热带高压控制,高温少雨,易受干旱,使新梢顶点停止生长,严重时使枝叶枯焦,甚至植株死亡。

(3)高温。当日最高气温≥35 ℃连续出现3天以上为持续高温天气。高温不仅使光合作用减弱,而且使呼吸作用增强,消耗体内有机物多,减少了干物质积累。同时,因温度高,茶胆宁含量高,茶叶味道略苦,影响品质。近30年来五莲县6月、7月最高气温分别为38.1 ℃、40.7 ℃。

3. 建议与防范措施

(1)出现干旱时及时遮阴,有条件地进行微喷或浇灌。

(2)如遇涝,需及时排水或搭棚,注意防风。

(3)适当早采茶叶,采摘标准为一芽二、三叶。当茶园内有10%的新梢达到标准时实行"跑马采",抑制"洪峰",促进迟发芽生长,达到15%～20%时全面开采,留一叶,采尽对夹叶,并做到分批多次及时按标准采摘。

(4)夏茶期间,茶区主要病虫害有茶小绿叶蝉、茶毛虫、茶螨类、炭疽病、轮斑病、茶煤烟病等。病虫害防治要以防为主,大力推广农艺措施、人工摘除和生物防治方法。选用抗病品种,加强茶园管理,增强树势,改善生态条件,保护茶树害虫的天敌(图3.12)。

### 3.5.3 秋茶期(五莲县秋茶采摘期一般在8月上旬至10月上旬)

1. 适宜气象指标

8月立秋之后,茶树进入秋茶期,此时茶叶产量迅速下降。当气温降到15 ℃以下时茶树新梢速度也迅速降低,降到10 ℃以下,茶树进入休眠期。在五莲,最后一批茶叶一般可采到秋分至寒露。

(1)温度。秋茶期适宜平均气温18～23 ℃,五莲秋茶期平均温度为20.4 ℃,适宜茶树生长。

(2)降水。适宜降水量为月均降水量120～150 mm。由于秋茶期生产同等数量的鲜叶所消耗的水分是春茶期的3.5倍,故秋茶对水分要求比较高。五莲县秋茶期降水总量为302.3 mm,月均降水量100.7 mm,秋茶期降水量基本能满足茶树生长

图 3.12　2018 年 6 月 20 日,五莲县富园春茶园夏茶期茶树

的需求。

2. 不利气象指标及影响程度

(1)温度。日最高气温≥35 ℃对茶树生长不利。立秋后,日最高温度仍较高,温度日较差大,对茶叶品质有一定影响,同时由于气温高,引起地面蒸发和空气中水分蒸发加快,导致湿度下降,对茶树生长有负面影响。

(2)日照。日照百分率≥55%。从 8 月起五莲县日照百分率开始上升,10 月升至 63%,秋茶期平均日照百分率 60%。过高的日照百分率成为限制秋茶质量和产量的不利因子。秋茶滋味平淡,与秋茶期秋高气爽、晴朗少云的天气有直接联系。

3. 建议与防范措施

(1)由于茶树很快面临封园,为培养茶树的树势并让其安全越冬,采完最后一批茶叶后应及时浇灌。

(2)秋天蒸发加大,降水减少,应注意干旱无雨天气(图 3.13)。

### 3.5.4　越冬期(五莲县茶树越冬期在 12 月上旬至 2 月下旬)

气温下降到茶树适应极限时,可引起茶树冻害,通常最低气温<−5 ℃,即有少数幼嫩芽叶出现轻微冻害;<−11 ℃,常有明显冻害现象发生;遇到干冷风,冻害程度则加重。统计表明日照茶树冻害基本验证了谚语"大冻三年有两头"的正确性。

1. 适宜气象指标

(1)温度。极端最低气温≥−5 ℃,1 月平均气温≥0 ℃,适宜茶树安全越冬。

(2)冬季降水量≥50 mm,冬季平均相对湿度≥65%,茶树不易发生冻害。

(3)冻土深度和持续时间。冬季最大冻土深度≤10 cm,且持续日数<5 d,茶树

图 3.13　2018 年 9 月 13 日,五莲县富园春茶园秋茶期茶树

根系水分吸收容易,不易发生冻害。

2. 不利气象指标及影响程度

(1)持续低温。茶树冻害与 1 月平均气温和极端最低气温的高低,以及持续天数长短之间的关系最为密切。凡冬季 1 月平均气温<0 ℃,极端最低气温<−10 ℃,茶树往往容易出现冻害;1 月平均气温<−1.0 ℃,极端最低气温<−12.0 ℃会遭受大冻害;1 月平均气温<−3.0 ℃,极端最低气温<−14 ℃且持续<−10.0 ℃的天数在3 d 以上会遭受特大冻害。而且 1 月平均气温、极端最低气温的高低、连续<−10 ℃的天数关系密切,极端最低气温绝对数值越大,冻害越重,反之冻害较轻或不受冻。近几年随着极端气候事件的频繁出现,在冬季昼夜温差加大频率更加频繁,常常出现夜晚低温细胞液及自由水结冰,白天随气温上升而溶化,日夜交替形成细胞内水分反复结冰融消,造成茶树细胞机械损伤。

(2)冻土深度和持续时间。冬季最大冻土深度越大,冻土层连续冻结持续日数越多,茶树冻害程度越深。冬季最大冻土深度>10 cm 且持续日数 5 d 以上,就会导致茶树因根系水分吸收困难而受冻;如最大冻土深度>15 cm 且持续日数 4 d 以上,茶树会遭受大冻害;如最大冻土深度>20 cm 且持续日数 2 d 以上,会遭受特大冻害,茶树基本死亡。

(3)相对湿度和降水量。一般情况下凡是冬季雨水偏少,空气相对湿度偏低的年份,茶树冻害往往较重。冬季降水量<50 mm,相对湿度<65%,茶树易发生冻害;冬季降水量<40 mm,相对湿度<60%,茶树易发生大冻害;冬季降水量<30 mm,相对湿度<55%,茶树易发生特大冻害。

(4)积雪。在个别年份虽然湿度大,降水多,茶树遇到长时间连续积雪天气,仍会遭受严重冻害。化雪期间,白天积雪融化,枝干及叶面会留有水珠,夜间气温下降,在树体表面形成冰壳,使茶树受冻。

(5)日照时数。日照茶区冬季降水少,晴天日数多,日照时数充足,晚上辐射降温快,气温低,导致茶树容易受冻。一般来说,冬季白天日照时数越多,茶树自身吸收的热量越多,晚上降温后抵御寒冷天气的能力越强;反之,白天光照越少,茶树自身体温越低,晚上受冻程度越高。

3. 建议与防范措施

(1)合理采摘、适时封园不仅能提高树势、增强抗冻性,而且还能确保翌年春茶产量。日照茶区一般于 9 月下旬至 10 月上旬封园为宜。封园过晚,刺激新茶芽萌发,导致茶树恋秋,不利于茶树根部生长和营养储存,造成茶树树势衰弱,抗冻性差;封园过早,影响茶叶产量,如果肥水充足易导致茶树新梢徒长,消耗过多养分,反而不利于茶树抗冻。

(2)浇越冬水的时间以立冬至小雪为宜。此时茶树吸收的水分更多参与生理代谢,成为束缚水,提高了茶树的抗冻性。茶园浇灌越冬水,对增强茶树抗冻能力,提高茶树光合作用效果显著。日照茶区冬季干旱少雨,干旱程度的高低往往影响冻害程度;二者相互影响、相互作用,所以普浇一遍越冬水非常重要。通过浇越冬水,既可以满足茶树冬季生长对水分的需要,又可以提高地温,增强茶树抗寒能力。生产实践证明,“浇足越冬水,能抗七分灾”。

(3)对茶树进行全培土。越冬培土时间易在小雪至大雪期间,冬季气温较高的年份,全培土时间应向后推迟,培土过早,因为土壤温度较高,造成茶树枝叶腐烂,降低抗冻性。

(4)对幼龄茶园进行越冬半培土,并覆盖稻草和玉米秸。实践证明,对一年生茶树进行培土越冬,既省工省料,又安全可靠。首先于 10 月下旬对茶树进行修剪,茶苗留高 17~20 cm。然后于小雪—大雪期间进行培土,第一次先培至苗高的 1/2,第二次只留顶部的 1~2 片叶子,以免枝叶郁闷霉烂。培土时干土和沙土宜多培,湿土和黏土宜少培。覆盖 3~5 cm 稻草的,由于透气性好,茶苗长势较好。茶园半培土结合其他防护模式效果更好,如北面搭风障、土墙等,春季应先撤除覆盖物,经过一段时间炼苗后,再撤除所培的土。

(5)成龄茶园冬季行间铺草越冬。铺草茶园冬季可提高地温,减轻冻土程度和深度,保持土壤水分。试验结果表明,冬季茶园行间覆草,可提高地温 1.4 ℃,冻土层厚度可减少 15 cm 左右,土壤含水量提高 5.7%。覆草时间以立冬前后为宜,封冻后再覆草,有时会起到相反的作用。松土后进行覆草,覆草厚度以 10~15 cm 为宜。也可覆盖黑色地膜。在麦糠、长麦秸、花生壳、玉米秸四种材料中,以铺麦糠效果最好,其次是长麦秸和花生壳,最差的是玉米秸。其中铺麦糠厚度以 5~10 cm 为宜。

（6）设施防护。搭扣小拱棚是幼龄茶树最理想的越冬防护方法。早春要注意调节好拱棚内的温度，防止因茶树过早发芽而遭受寒害；搭扣大拱棚和中拱棚是可采摘茶园最好的一项防护措施，要点：一是选择背风向阳处建稳固棚；二是扣棚前施好肥、浇足水；三是初冬防止茶芽提早萌发，造成茶树霜冻；四是要控制适宜温湿度，科学透风；五是茶树不宜过高，定剪后再扣膜。拱棚的扣棚时间，宜在小雪和大雪之间。扣棚过早，会导致茶芽萌发，易造成冻害；扣棚过晚，越冬芽易遭受霜冻。

（7）蓬面盖草（遮阳网）。茶树蓬面盖草（遮阳网）后，既可防止霜冻和寒风侵袭，减少水分蒸发，又缩小了蓬间的昼夜温差。盖草宜在小雪前后进行，要盖而不严，使蓬面受直射光照的叶片占30％～40％。物料可选择鲜松枝、稻草等，也可使用透光率为40％的黑色遮阳网。

（8）搭挡风障。物料以用稻草打成的苫子最好，可连续使用2～3年。也可利用塑料薄膜搭挡风障。搭挡风障宜在小雪前后进行，苫子和薄膜靠立在每行茶树的北面，基部用土培实，苫子要高出蓬面10 cm左右，达到前透光、后护身。同时应在茶园北面和西面风口处搭建挡风障（图3.14）。

图3.14　2018年2月28日，五莲县富园春茶园越冬期茶树

### 3.5.5　五莲县茶树生长期主要气象灾害

1. 低温

茶树性喜温暖，自1966年"南茶北引"至今，山东并未培育出大量适应本地气候的品种，因此经历了多次冻害，小冻害每年都有不同程度发生。日照绿茶面临的最大灾害就是冻害，日照茶农有句俗语"小冻年年有，大冻三年冻两头"，充分说明了冻害

对茶树的影响,越冬期冻害严重时会把茶树冻死。五莲县几乎年年最低气温在
-10 ℃以下,多数茶园不具备设施越冬条件,仅凭覆盖杂草、打风障等简易防护措施
难以阻挡-14 ℃以下的低温严寒。

2. 倒春寒

霜冻是指空气温度突然下降,地表温度骤降到 0 ℃以下,使农作物受到损害,甚
至死亡的现象。在早春茶树萌芽的季节,因气温或地温下降至 0 ℃或 0 ℃以下,出现
霜冻或冰冻,导致茶树嫩芽受冻而减产。五莲县每年 3 月中旬至 4 月下旬出现倒春
寒天气的概率较大,发生倒春寒时常伴随着温度偏低、霜冻或轻霜冻,甚至冰冻,导致
茶树被冻伤甚至部分嫩芽被冻死,对春茶产量和品质造成严重影响。

3. 干旱

茶树生长需要大量水分,五莲县年降水量 747.0 mm,且降水时空分布不均。春
季素有"十年九旱"之说,几乎每年都会发生的春旱给茶树生长带来了不利影响,伏
旱、秋旱也时有发生。长时间无有效降雨会导致茶树缺水萌发新芽受限,规模茶园通
过滴灌或喷灌等方式解决缺水问题。

4. 大风

大风是五莲县常见气象灾害,具有持续时间短、危害较大等特点。大风天气易使
茶树枝叶发生机械性损伤,严重影响茶树产量及质量。五莲县春季大风频发,容易抽
干茶树枝条,影响嫩芽萌发。

5. 高温

在夏季,五莲县易出现高温天气。因光照强,气温高,空气湿度低,引起茶树生理
失水而遭受危害。茶树不耐高温,高温天气影响茶叶品质,使得咖啡碱含量增多,口
感苦涩。持续数天可使植株生育停滞,茎叶枯焦,叶片脱落,甚至枯死。五莲县 6—8
月年均≥35 ℃高温日数 3.5 d,年≥35 ℃高温最长连续日数 6 d,给茶树生长带来不
利影响,尤其是持续高温天气,抑制茶树生长,既影响产量,也影响品质。

### 3.5.6　山东茶区 15 次大冻害调查

1. 山东茶区冻害类型

茶树冻害取决于茶树植株对外界环境的适应程度。根据不同的受害成因,茶树
冻害可分为冰冻、干冻、雪冻和霜冻。从山东茶区多年冻害因子分析,全省茶树冻害
轻的年份多为一种冻害成因,而茶树大冻之年多为几种冻害因子共同发生。

(1)冰冻:持续低温阴雨,大地结冰造成冰冻,茶农又称之为"小雨冻",温度达到
-5 ℃时,成叶细胞开始结冰,茶树叶片呈赤枯状,造成冻害。如 2010 年 2 月 11 日,
日照市普降大雪,局部暴雪,平均降水量 7.7 mm。2 月 12 日至 13 日出现积雪,且气
温较低,日最低气温在零下 7.1 ℃。其中 13 日日最低气温达到零下 12.3 ℃,致使茶
树成叶细胞结冰,普遍受冻。

　　(2)干冻:寒潮南下,温度巨降,风速达 5～10 m/s,在不少茶区造成严重冻害,受冻茶树叶片呈"青枯状"卷缩,继之脱落,枝干干枯开裂,此为干冻,茶农又叫"乌风冻"。这是山东茶区发生的主要冻害,如 1976—1977 年、1979—1980 年及 2007—2008 年发生的冻害均为干冻。

　　(3)雪冻:大雪降临后茶冠积雪压枝,若在升温融化的过程中或紧接融化之后,再遇低温,可造成叶面和地面同时结冰,或日化夜冻,或冷热骤变,使茶树树冠的叶片和枝梢发生冻害,称之为雪害。如日照市 1986 年 12 月 27 日至 1987 年 1 月 16 日连续21 天出现积雪,其中 1987 年 1 月 2 日最大积雪深度达 23 cm,雪反复日融夜结,使茶树部分细胞遭到破坏,致使茶树受冻较重。

　　(4)霜冻:茶树萌芽期冻害主要是霜冻。霜冻分早霜冻和晚霜冻。早霜冻多发生在秋末,晚霜冻多出现在 4 月,又称"倒春寒",对生产名优茶的产区危害较大。如日照市 2002 年 4 月 24—25 日受强冷空气侵袭,气温骤降,最低气温 2.6 ℃、平均气温7.3 ℃,分别比往年同期下降 6.2 ℃和 9.2 ℃,造成严重低温严寒和霜冻,使全省春茶产量减产近 60%。

　　2. 山东"南茶北引"及 15 次大冻害调查

　　山东南茶试种始于 1959 年。1958 年冬,省林业厅从福建省购进茶籽 5000 kg,置室内摊晾储存。1959 年春分配到日照大沙洼林场、平台苗圃、蒙阴县岱崮林场、平邑万寿宫林场、明光寺林场等国营林场和沂水县上峪、沂源县坡丘、蒙阴县宫家城子、前城子等大队及青岛市中山公园。当时"照书"种茶,致使大部分幼苗因旱、冻而枯萎死亡。而生态条件较好的青岛中山公园存活了 2.5 亩。

　　1965 年春,时任山东省委书记的谭启龙同志发现青岛中山公园内的茶树芽叶鲜嫩,炒制品尝后,品质甚佳,随后倡导山东实施"南茶北引"工程。

　　1966 年春,在日照、临沭、蒙阴、沂源的 10 个大队试种了 25 亩茶园,因冬季遇到持续低温与干旱,仅日照的双庙和北门外两个村的 8.7 亩成活,成活率达 34.8%。1967 年中国茶科所派专家段擎堂帮助论证能否种茶,同时总结了双庙、北山两大队茶园管理经验后,又指导莒南、日照、莒县、沂水、沂源、蒙阴六县试种成活了 385 亩,成活率达到 80%。1968 年与 1969 年又分别成功种植了 457 亩和 415 亩。其后,1969—1970 年遭遇干旱、低温天气,茶树冻害严重。但是 1970 年新种茶园 945 亩,是前两年的总和,茶叶发展成为快速发展阶段。但是茶树"年年有小冻,三年一大冻",中国茶科所先后派出专家吴询、虞富连、葛铁军、李联标等帮助总结经验,指导种茶。到 1980 年"南茶北引"实施 15 年来共播种茶园达 96178 亩,落实茶园面积50162 亩,只剩存 52%。期间遭受 1969—1970 年、1973—1974 年、1976—1977 年、1979—1980 年的四次大的冻害。1981—2003 年,由于栽培技术的逐渐成熟,茶园得到稳固发展。但在 1983—1984 年、1986—1987 年、2002—2003 年出现了四次大的冻害。2007 年以来,在茶园经济效益快速增长的情况下,茶农却滥用生长剂,进行掠夺式生产,加之气候异常频繁出现,茶树冻害更为严重,出现了 2007—2008 年、2009—2010 年、2010—2011 年、2012—2013 年、2015 年、2016 年、2017—2018 年、2018—2019 年连续八次大的冻害。

为了更好地分析茶树冻害成因,对山东茶区冻害程度进行了科学界定,把冻害造成一定区域内当年茶园春茶减产 30% 作为该区域茶园的大冻害。按照这个标准,山东茶区先后经历了 1969—1970 年、1973—1974 年、1976—1977 年、1979—1980 年、1983—1984 年、1986—1987 年、2002—2003 年、2007—2008 年、2009—2010 年、2010—2011 年、2012—2013 年、2015 年、2016 年、2017—2018 年、2018—2019 年,共计 15 次大冻害。

(1)1969—1970 年冻害

冻害程度:全省茶园播种面积近 2000 亩,全部遭受不同程度的冻害。其中:1969 年种植 600 余亩茶树的 50% 被冻死,二、三龄茶园约有 30% 以上重剪,是"南茶北引"以来最早的一次大冻害。

气象因子:1970 年 1 月气温非常低,当时山东主要种茶的日照、莒县、五莲、莒南、胶南五个县极端最低气温分别是 −13.3 ℃、−17.1 ℃、−15.9 ℃、−16.6 ℃、−14.1 ℃,日照三站平均 −15.4 ℃,主茶区五站平均 −15.4 ℃。主茶区五站 1 月平均气温分别为 −2.3 ℃、−4.3 ℃、−3.5 ℃、−3.3 ℃、−4.2 ℃,日照三站平均 −3.4 ℃,全省五站平均 −3.5 ℃。日照、莒县、五莲、莒南、胶南极端最低气温≤−10 ℃的最长连续天数分别长达 7 d、23 d、14 d、7 d、6 d,莒县有 2 d 连续极端最低气温≤−15 ℃,五莲、莒南各有 1 d 极端最低气温在 −15 ℃ 以下。日照、莒县、五莲、莒南、胶南五个县 10 cm 冻土深度持续日数分别为 8 d、46 d、32 d、20 d、29 d,15 cm 冻土深度持续日数分别为 6 d、38 d、31 d、20 d、14 d,20 cm 冻土深度持续日数分别为 2 d、36 d、23 d、20 d、9 d。综合分析气温、冻土资料,虽然同期山东茶区降水量适中,但 1970 年 1 月是南茶北引以来气象条件最恶劣的时段,是自 1970 年有气象记录以来气温最低的年份。

冻害原因:一是低温持续时间长,低温天气出现频率高;二是冻土层冻结深度深,土层连续冻结持续日数长;三是茶树栽培技术尚不成熟,越冬技术匮乏,多数茶园未浇越冬水,仅进行单一的打风障越冬防护。

(2)1973—1974 年冻害

冻害程度:临沂地区 11 个县,650 个大队,茶园面积达 12000 余亩,茶园遭受不同程度的冻害。其中:1973 年全省新种茶园 1 万亩,30% 幼龄茶园被冻死,成龄茶园造成不同程度的冻害,造成春茶减产达 50% 以上。凡是浇过越冬水的茶园冻害明显轻。

气象因子:天气干旱,全省主茶区五站冬季降水量分别为 18.0 mm、8.2 mm、9.9 mm、15.9 mm、17.2 mm,山东茶区平均降雨量仅 13.8 mm,是常年的 49.3%。1974 年 1

月气温较低,山东茶区日照、莒县、五莲、莒南、胶南五个县极端最低气温分别是－8.8℃、－12.4℃、－11.7℃、－12.6℃、－10.9℃,日照三站平均－11.0℃,主茶区五站平均－11.3℃。冻土层深厚,持续日数长,日照、莒县、五莲、莒南、胶南五个县 10 cm 冻土深度持续日数分别为 6 d、55 d、22 d、16 d、24 d,15 cm 冻土深度持续日数分别为 3 d、26 d、22 d、10 d、23 d,20 cm 冻土深度持续日数分别为 0 d、3 d、21 d、8 d、11 d,其中莒县 10 cm 冻土层连续冻结日数长达 55 d。

冻害原因:一是干旱,整个冬季长期少雨;二是低温持续时间长;三是冻土层冻结深度深,连续冻结时间长;四是越冬防护不当。从 1969—1970 年冻害发生后,茶树栽培经验逐渐丰富,茶树生长旺盛,呈现出快速发展的势头,1973 年全省新种茶园近万亩,秋季规划 1974 年新发展茶园 22883 亩。

(3)1976—1977 年冻害

冻害程度:全省当年茶苗被冻死近 3 万亩,仅临沂地区所辖的 13 个县,125 个公社,1400 多个大队,1976 年一年播种茶园 36060 亩,冻死超 60％以上。二龄以上的茶树 95％的受冻,许多茶园进行了重剪或台刈,比上年减产 50％以上。培土越冬的茶树基本安全越冬,浇足浇好越冬水的茶园冻害明显轻。

气象因子:1976 年秋末至 1977 年 3 月 8 日,长达 180 多天无有效降水,由于长期降水偏少,旱情严重。冬季三个月平均相对湿度极低,五站冬季平均相对湿度分别为 53％、63％、46％、50％、56％。1977 年 1 月气温非常低,山东茶区日照、莒县、五莲、莒南、胶南五个县极端最低气温分别是－12.4℃、－17.9℃、－15.0℃、－14.8℃、－14.6℃,日照三站平均－15.1℃,主茶区五站平均－14.9℃。主茶区五站 1 月平均气温分别为－3.4℃、－5.4℃、－5.1℃、－4.3℃、－4.4℃,日照三站平均－4.6℃,全省五站平均－4.5℃。日照、莒县、五莲、莒南、胶南极端最低气温≤－10℃的最长连续天数分别长达 4 d、13 d、12 d、24 d、24 d,莒县有 3 d 连续极端最低气温≤－15℃。冻土深厚,连续冻土日数长,日照、莒县、五莲、莒南、胶南五个县 10 cm 冻土深度持续日数分别为 14 d、60 d、29 d、30 d、61 d,15 cm 冻土深度持续日数分别为 13 d、59 d、28 d、28 d、59 d,20 cm 冻土深度持续日数分别为 4 d、59 d、27 d、26 d、55 d,莒县 20 cm 冻土层连续冻结日数 59 d,胶南 20 cm 冻土层连续冻结日数达 55 d。同期蒸发量与降水量比较,日照 12 月蒸发量为 64.8 mm,降水仅为 2.9 mm,1 月蒸发量 52.1 mm,降水为 0.1 mm;2 月蒸发为 85.3 mm,降水为 0.0 mm。地面结冰期长达 163 d 之久,严寒期 50 多天,莒县 1977 年 1 月极端最低温度达－17.9℃。

冻害原因:一是长期干旱少雨,空气干燥,相对湿度低;二是气温偏低,低温持续时间长;三是土壤冻结层深度深,连续冻结持续日数长;四是管理不十分到位。由于供水不足,加之结冰输送受阻,干风掠夺,造成了茶树严重生理失水,枝叶枯萎,冻害不断加剧。

(4)1979—1980 年冻害

冻害程度:全省茶园遭受不同程度的冻害,60％的需要台刈,30％深修剪,造成春茶减产 80％以上。南茶北引 15 年全临沂地区共种茶面积 96178 亩,到 1980 年实际调查实有茶园 50162 亩,茶园剩余面积仅是播种面积的 52％。

气象因子:全省冬、春季出现阶段性干旱,五莲县 1980 年 2 月 1 日开始出现旱情,直到 4 月 5 日出现降水 54.3 mm,旱情才告结束。期间共降水 23.2 mm,较常年偏少 61％,茶叶越冬与生长受到严重影响。主茶区莒县冬季降水量严重偏少,仅 11.3 mm,是常年的 40.4％。山东主茶区出现持续低温天气,日照、莒县、五莲、莒南、胶南五站≤－10 ℃天数分别是 4 d、21 d、12 d、9 d、16 d;≤－15 ℃天数分别是 0 d、2 d、0 d、0 d、0 d,主茶区五站中莒县气温最低。主茶区日照、莒县、五莲、莒南、胶南五站冻土≥10 cm 的天数分别是 19 d、22 d、21 d、19 d、26 d。冻土≥15 cm 的天数分别是 18 d、22 d、20 d、18 d、24 d。冻土≥20 cm 的天数分别是 9 d、22 d、20 d、13 d、20 d。五莲山茶园的气象观测资料表明连续 40 天平均气温在 0 ℃以下,连续两天极端最低气温在－19 ℃以下,冻土深度达 45 cm。

冻害原因:一是气温偏低,持续低温日数长;二是冻土深度深,冻土层连续冻结日数长;三是树势差,1978 年和 1979 年连续两年茶叶高产,采摘过度,封园较晚,树势弱。

(5)1983—1984 年冻害

冻害程度:全省 90％的茶园受到不同程度的冻害。其中,茶园 50％进行了台刈,30％进行了深修剪。造成春茶减产 50％以上。

气象因子:干旱,蒸发量大、空气湿度低。自 1983 年 10 月 21 日至 1984 年 6 月 3 日五莲县共降水 78.1 mm,较历年同期偏少 73％。冬季降水量非常小,日照市三站冬季降水量只有 5.6 mm,山东主茶区五站平均只有 4.9 mm,仅是常年的 17.5％。冬季平均相对湿度只有 51％,比百年不遇的 2010—2011 年冬季干旱期间多 1％。持续低温,山东主茶区的日照、莒县、五莲、莒南、胶南五站≤－10 ℃天数分别是 1 d、7 d、4 d、15 d、18 d;≤－15 ℃天数分别是 0 d、2 d、0 d、0 d、1 d。山东主茶区的日照、莒县、五莲、莒南、胶南五站≥20 cm 冻土深度连续持续日数分别是 0 d、56 d、21 d、5 d、25 d,莒县冻土深度最深且持续日数最长。

冻害原因:一是低温持续时间长;二是冬季降水严重偏少,相对湿度小,出现干旱;三是冻土深度深,冻结层连续冻结日数长;四是树势弱,抗冻性差。初夏雨水较多,秋季干旱,造成茶树脱肥树势弱,加之 1983 年倡导创高产,采摘过度;五是管理不到位,越冬水不足,“立冬”前后虽然降了两次降小雨但是茶树水分不足,加之气温低,冬季干旱,茶树失水干枯死亡。

(6)1986—1987 年冻害

冻害程度:全省有 80％的茶园遭受冻害。内陆茶园冻害非常严重,85％以上的茶园进行了台刈更新,沿海日照县茶园冻害较轻,有 30% 的茶园进行台刈更新,多数茶园进行了轻修剪或深修剪。全省造成春茶减产 40% 以上。

气象因子:冬季降水量虽然充沛,全省五站平均达到 82.2 mm,但仍然发生冻害。主茶区五站 1987 年 1 月极端最低气温分别为 -10.8 ℃、-16.9 ℃、-13.3 ℃、-13.9 ℃、-11.7 ℃,日照三站平均 -13.7 ℃,全省五站平均 -13.3 ℃,1 月平均气温接近常年。山东茶区 1986 年 12 月日至 1987 年 1 月 16 日连续 21 日出现积雪,其中 1987 年 1 月 2 日最大积雪深度达 23 cm,出现较厚积雪后,地表和叶面结成冰壳,使茶树部分细胞遭到破坏。

冻害成因:一是长时间出现连续性积雪,且积雪厚度较深;二是雪融化期间,气温昼夜温差大,白天气温回升快,覆盖在茶树上的积雪逐渐融化,茶树枝叶吸收较多水分,夜晚气温骤降,低温天气使得茶树细胞结冰破裂。雪融化后又反复结冰,造成茶树细胞破裂死亡。

(7)2002—2003 年冻害

冻害程度:全省 60% 以上茶园受到不同程度冻害,造成春茶减产达 30% 以上。

气象因子:山东主茶区的日照、莒县、五莲、莒南、胶南五站冬季期间连续极端最低气温≤-10 ℃天数分别是 1 d、11 d、5 d、6 d、2 d;五站冻土深度≥10 cm 的连续冻结日数分别是 8 d、6 d、22 d、19 d、9 d。冻土深度≥15 cm 的连续冻结日数分别是 4 d、13 d、11 d、9 d、5 d。冻土深度≥20 cm 的连续冻结日数分别是 0 d、9 d、7 d、5 d、0 d。空气干燥,全省五站冬季平均相对湿度仅 59%。

冻害原因:一是气温较低,且低温持续时间长;二是空气干燥,相对湿度低;三是受"暖冬"影响,茶农放松预防低温天气的警惕性,管理麻痹大意。

(8)2007—2008 年冻害

冻害程度:全省茶园面积达 22 万亩,造成 18 万亩茶园遭受冻害,受冻茶园占 82%。沿海茶区的山前茶园冻害最严重,造成茶树减产 40%。

气象因子:日照茶区 2007 年 12 月全市平均气温 2.8 ℃,比常年偏高 1.9 ℃;2008 年 1 月上旬,全市平均气温 1.9 ℃,比常年偏高 3 ℃。但是冬季后期降温剧烈,2008 年 1 月中旬,全市平均气温 -3.6 ℃,比常年偏低 1.8 ℃;1 月下旬,全市平均气温 -3.1 ℃,比常年偏低 1.5 ℃。更为异常的是,2007 年的持续低温时间长,从 2008 年 1 月 11 日至 2 月 10 日,市区日最低气温都在 -0.1 ℃以下,其中,1 月 12 日至 1 月 18 日连续 7 d,日最低气温在 -4.6 ℃至 -7 ℃。莒县极端最低气温 1 月达到 -10.7 ℃,2 月上旬达到 -13.4 ℃。另外,2007 年降水时空分布不均匀也是茶树受冻严重的一个原因,虽然 2007 年全年全市降水量达到 1025.9 mm,属降水充沛年份,但在茶树越冬关键时期的 10 月和 11 月,全市平均降水量只有 16 mm,比常年 68.1 mm 少 52.1 mm。

冻害原因:一是夏季雨水多、秋季干旱、造成茶树脱肥、树势衰弱,致使茶树受冻;

二是入冬前期干旱少雨,气温偏高,下雨雪后急降温,造成茶树受冻,越是暖和的地方茶树受冻越严重,如打风障茶树受冻更严重。图 3.15 为 2009 年 2 月 26 在日照市岚山区巨峰镇后黄埠村所拍茶园。

图 3.15　2009 年 2 月 26 日,日照市后黄埠村茶园

(9)2009—2010 年冻害

冻害程度:全省茶园 28.07 万亩,其中:日照市幼龄茶园受冻面积达 0.8 万亩,占幼龄茶园总面积的 20%。投产茶园受冻面积达到 1.8 万亩,占投产茶园面积的22.5%。其中冻害较重(茶树枝梢冻死深度 7~15 cm)需要深修剪的面积为 1.6 万亩,冻害严重(茶树枝梢冻死深度 15 cm 以上)需要重修剪的面积为 0.2 万亩。造成春季减产达 45%。

气象因子:日照市日最低气温在零下 10 ℃以下的持续天数在 3 d 以上的次数就达到 3 次之多,为历史罕见。第 1 次是 2009 年 12 月 19 日至 21 日,日最低气温分别为−11.4 ℃、−10.6 ℃、−10.1 ℃;第 2 次是 2010 年 1 月 5 日至 8 日,日最低气温分别为−12.2 ℃、−12.1 ℃、−10.2 ℃、−10.9 ℃;第 3 次是 2010 年 1 月 12 日至14 日,日最低气温分别为−12.8 ℃、−14.5 ℃、−11.5 ℃。根据日照市气象局提供的资料,2009 年,全市降水量为 686.7 mm,比常年降水量 768.7 mm 少 82 mm。同时在茶树越冬关键时期的 10 月,全市平均降水量只有 18.6 mm,比常年 42.3 mm 少23.7 mm。

冻害成因:一是气温持续偏低,入冬以来,受强冷空气影响,持续低温的天数和次数较多;二是入冬初期干旱,自 2009 年 9 月下旬至 10 月下旬,山东茶区无有效降水,出现干旱苗头,11月1日夜间出现降雪天气,最大降水量出现在五莲县(2.6 mm),2日凌晨最低温度由1日的5.7 ℃突降至−1.5 ℃,出现冰冻,且11月2日全天气温一直维持在较低状态,日最高气温仅3.7 ℃,降温快、温度低,使得正处于生长到休眠过渡期的一些茶园上部树冠和向阳的东坡、东南坡及土壤干燥疏松的茶树还来不及适应环境就遭受冻害;三是"返青"时突然降温,造成茶树枝干韧皮部细胞死亡。2010年4月14日午后,山东茶区大部分地区午后开始出现雨、雨夹雪天气,日照市日最低气温降至1.4 ℃,这时茶树已进入"返青"低温造成茶树韧皮部死亡,茶树干枯;四是茶园管理不当。其一茶树树势弱,抗冻性差,茶树鲜叶价高,激发茶农掠夺式生产,喷赤霉素,不留养,造成树势弱,抗冻性差。其二茶树越冬防护意识淡薄。部分茶园经营者存在侥幸心理,使茶树越冬防护措施不到位(图3.16)。

图3.16　2010年2月24日,日照街道相家楼村茶园

(10)2010—2011年冻害

冻害程度:茶树受冻范围广、面积大,冻害程度是"南茶北引"以来最为严重的一次。全省除5.5万亩设施栽培茶园基本无冻害外,露地种植的茶园均遭受了不同程度的冻害。全省茶树冻害面积达17.5万余亩,约占茶园总面积的75%。其中,幼龄茶园受害面积4.6万亩,占幼龄茶园总面积69%;可采茶园受害面积12.9万亩,占可采摘茶园总面积的77%。露天春茶将推迟10~15 d上市,产量1350 t,比2010年减产3100 t,减产幅度达70%。

气象因子:一是秋冬出现特大连旱天气,2010年9月23日—2011年2月25日,山东省累计平均降水仅14 mm,比常年偏少85%,全省平均无降水日数为117.7天,为1951年以来最多值,气象上达到了特大干旱等级;二是持续低温。据省气象局资料表明,2010年12月—2011年2月,全省平均气温−0.6 ℃,较常年偏低0.3 ℃。

12月下旬至翌年2月中旬气温较常年偏低,其中1月上、中旬分别较常年偏低2.7 ℃和2.8 ℃。日照市日最低气温一直维持在−1.2～−12.1 ℃之间,其中日最低气温在−6.0 ℃以下的天数达到21 d;三是出现春季晚霜及冰冻,山东大部茶区出现霜冻和冰冻天气,莒县2011年4月3—5日连续3 d最低气温分别为−2.7 ℃、−2.2 ℃、−1.1 ℃,使正处于萌芽期的茶树造成霜冻危害。4月11—12日,受冷空气影响,山东茶区再次出现霜冻或冰冻天气,最低气温出现在莒县茶区(−0.8 ℃),刚萌发的茶芽在月初受冻的基础上,再次遭受"倒春寒"重创。

冻害原因:一是长期干旱,光照强、风速大,茶树失水干枯;二是低温;三是气温温差大,下雪时气温相对高,茶树吸水,突然低温茶树细胞吸水结冰膨胀而死;四是出现春季晚霜;五是管理不到位。调查发现,茶树冻害较轻的大都是浇了2次以上越冬水,而冻害严重的茶园是没有浇越冬水。另外,部分茶园返清水未浇上,修剪后由于蒸腾拉力减少,空气干燥,茶树失水干枯。图3.17为2011年3月7日在日照市后村镇皂户沟村所拍茶园图片。

图3.17　2011年3月7日,日照市后村镇皂户沟村茶园

(11)2012—2013年冻害

2012年12月22—23日连续两天最低气温−10 ℃以下,极端最低气温−12.9 ℃,出现在12月24日。2012年12月27—29日连续3天降雪,过程降雪量暴雪,雪深5 cm,降雪过后气温骤降,2013年1月2—5日连续4 d极端最低气温−10 ℃以下,其中4日极端最低气温−13.4 ℃,1月3日—21日连续19 d最大冻土深度10 cm以上,其中6—14日连续9 d最大冻土深度17 cm以上,11日冻土深度达

18 cm。2012 年茶树越冬期遭受冻害,部分茶树被冻死。2013 年 3 月 1 日至 4 月 30 日总降水量 18.3 mm,较历年同期偏少近 7 成,出现干旱,茶树抗冻能力差。2013 年 4 月 19 日夜间至 20 日晨,先后降雨、冰粒和雪,最低气温 0.4 ℃,突破五莲县历年最晚终雪日期记录。4 月 21 日晨最低气温 2.0 ℃,出现霜冻,4 月 20—21 日出现倒春寒天气,当时正值春茶萌芽采摘期,遭受霜冻,对茶树生长不利。导致 2013 年茶树减产严重,当年春茶几乎绝产。

(12)2015 年冻害:2015 年 4 月 7 日五莲县最低气温−0.4 ℃,8 日最低气温 1.3 ℃,连续两天出现霜冻和冰冻,这次倒春寒对正处于萌芽期的茶树非常不利,春茶减产 3 成。

(13)2016 年冻害:2016 年 1 月五莲县月平均气温−1.9 ℃,较历年同期偏低 0.5 ℃,月降水量 4.0 mm,较历年同期偏少 7.7 mm。2016 年 1 月 23 日、24 日连续两天最低气温在−10 ℃以下,分别为−13.9 ℃、−16.7 ℃,其中 1 月 24 日极端最低气温突破五莲县最低气温极值(−15.9 ℃)。自 1 月 13 日至 2 月 7 日连续 26 d 冻土深度在 10 cm 以上,26—28 连续 3 d 冻土深度高达 20 cm。长时间、高强度低温导致茶树无法安全越冬,部分茶树冻死。2016 年春茶减产 3~5 成。

(14)2017—2018 年茶树冻害:自 2017 年 10 月 17 日至 2018 年 3 月 3 日,全县总降水量仅 7.4 mm,长时间连续缺雨雪,出现秋、冬、春连续 3 季干旱,茶树因长期干旱缺水,抗冻能力变差。2018 年 1 月 24—26 日出现低温寒潮天气,最低气温分别为−11.1 ℃、−8.5 ℃、−11.8 ℃。2018 年 2 月 3—6 日再次出现低温寒潮天气,最低气温分别为−9.5 ℃、−10.5 ℃、−6.2 ℃、−11.3 ℃,冻土深度分别为 11 cm、13 cm、14 cm、15 cm。2018 年茶树因长时间持续干旱、低温无法安全越冬,茶树受冻严重。2018 年 4 月 4 日至 7 日连续 4 d 最低气温在 5 ℃以下,日最低气温分别为 4.1 ℃、3.6 ℃、3.5 ℃、2.1 ℃,4 月 7 日地面最低气温−2.4 ℃,较长时间倒春寒给萌芽期茶树造成冻害。2018 年茶叶产量减产严重(图 3.18)。

图 3.18　2018 年 3 月 13 日,五莲县户部乡户部村受冻后茶园

(15)2018—2019 年冻害:2018 年 12 月 28—29 日连续 2 d 日最低气温在－10.0 ℃以下,导致茶树遭受轻冻害。2019 年 4 月 26—27 日气象局站点测得的日最低气温分别为 4.7 ℃、4.2 ℃,地面 0 cm 最低气温分别为 3.3 ℃、0.8 ℃,经统计区域站资料,潮河、叩官、街头 3 个茶树种植乡镇在最低气温在 1.3～2.4 ℃之间,茶树正处于萌芽期,全县春茶大面积受冻,受冻后 70% 的茶园无春茶可采,减产 7 成左右(图3.19)。

图 3.19　2019 年 4 月 28 日,受冻后的五莲县潮河镇刘家坪茶园

# 第4章　五莲县主要瓜果气象服务指标

## 4.1　设施西瓜气象服务指标

西瓜喜温耐热,喜光,喜湿,较耐旱,不耐涝;对土壤适应性较广,各种土质均可栽培,以土层深厚、排水良好、肥沃疏松的砂壤土最好。西瓜有露天栽培和设施栽培两种方式。本节以设施西瓜为例。

### 4.1.1　播种至发芽期(五莲县设施西瓜播种至发芽期为2月中旬至2月下旬)

1. 适宜气象指标

(1)播种后设施温度20~30 ℃,为发芽的最佳温度。

(2)适宜土壤相对湿度60%~80%。

(3)出苗期需要连续5天充足日照。

2. 不利气象指标及影响程度

(1)播种期气温<15 ℃不利于种子发芽,出苗后>40 ℃烧根烧苗,根系不能正常发育。

(2)土壤相对湿度<50%,或>90%。

3. 建议与防范措施

(1)苗期注意低温冷害。

(2)温度:播种后高于35 ℃要及时揭开两端薄膜或适当撑开南面通风降温,出苗后一叶一心前维持在20~25 ℃,一叶一心后控制在18~25 ℃。

(3)播种前后,营养钵处理:补充苗期营养及预防猝倒病、立枯病和地下害虫,然后播种覆土。

(4)播种至出苗"剥壳"后(下籽后3~7 d)温度:白天30~35 ℃,夜间18~20 ℃,促进子叶肥厚壮。

(5)温度控制。早春大棚西瓜一般在2月开始育苗,本月气温极低,多雨雪天气,做好保温设施,确保苗床温度不低于10 ℃,防止瓜苗冻害。晴天,开好小拱棚,日出后棚温达20 ℃以上,揭去小棚膜;阴雨无日照天气,棚温不低于15 ℃,在中午至下午2时,揭去小棚膜,但大棚不能通风。温度过低时,可以用电热丝或灯泡适当提高温度,夜间可在拱棚上覆盖保暖物(如草垫等)。

(6)湿度管理。温度低,棚内湿度相对就大,育苗期要使苗床保持干燥,营养钵持水量在 65% 左右,棚内空气相对湿度为 50%～60%;选地势平坦、干燥的田块搭建,苗床四周排水沟要深;用地膜全面铺盖苗床,防止地下水分蒸发增加棚内湿度;营养钵表土以干为主,尽量不要浇水,以免降低地温,影响根系的发育;加强通风,降低湿度,特别是瓜苗中后期增加通风,可以促进扎根,增强瓜苗抗冻抗病能力,提高瓜苗移栽后的成活率。

### 4.1.2　幼苗期(五莲县设施西瓜幼苗期为 3 月上旬至 3 月下旬)

**1. 适宜气象指标**

(1)幼苗期适宜温度 22～25 ℃。

(2)土壤相对湿度 60%～70%。

(3)光饱和点为 80～100 klx(千勒克司)。

**2. 不利气象指标及影响程度**

(1)揭膜期低温冻害低于 5 ℃,揭膜后遇有温度偏低,移苗受冻。高于 45 ℃,出现高温生理伤害。

(2)土壤相对湿度<55%或>80%。

(3)连续低温阴雨寡照天气>5 天,易导致生长缓慢,僵苗、死苗现象。

**3. 建议与防范措施**

(1)为防御早春危害,可采取温室、温床、大棚设施育大苗。

(2)定植覆土要浅,浇水不要太大,选晴暖天气浇缓苗水,浇后注意通风。

(3)幼苗出土前温度要高,白天不放风,床温控制在 28～32 ℃,如晴天床温过高,可加盖草帘遮阳降温。夜间加盖草帘的苗床,草帘早晨应晚揭,日落前早盖。瓜苗开始出土("弯脖"至幼苗露心这一段时间,要适当降低苗床温度,防止幼苗徒长形成高脚苗,白天温度应掌握在 22～25 ℃,夜间保持 12～14 ℃。一般 80% 以上幼苗出土时开始放风,放风时应顺风向开口,风口的大小、通风时间的长短应由小到大、由短到长逐步进行,切忌突然大量通风。晴天中午应适当加大放风量。草帘应早揭晚盖。

(4)第一片真叶展开后,应适当提高床温,控制在 28～30 ℃比较合适,以加快幼苗生长;随着幼苗的生长和外界气温的上升,通风口应逐渐加大,通风时间也相应加长,这段时间要防止"闪苗"和"烤苗"。"闪苗"是由于放风量急剧加大或寒风侵入苗床所引起的寒害;"烤苗"是因床温过高所产生的对叶片的烧伤现象。

(5)在定植前 1 周,要降低棚内温度进行炼苗,炼苗时间由短逐渐加长,使幼苗逐渐适应定植后的环境条件,有利于定植后缓苗。在育苗过程中还应注意天气变化,防止寒流侵袭,在寒流到来之前应做好防寒保温工作。

### 4.1.3　伸蔓整枝期(五莲县设施西瓜伸蔓整枝期在 4 月上旬至 4 月中旬)

　　1. 适宜气象指标

　　(1)适宜温度为 25～28 ℃,申蔓期 2～4 片真叶温度 28 ℃最适宜。

　　(2)适宜土壤相对湿度 65%～75%。

　　2. 不利气象指标及影响程度

　　(1)气温低于 20 ℃伸蔓缓慢,>35 ℃容易灼伤枝蔓。

　　(2)土壤相对湿度<50%,或>80%,易造成枝蔓发育迟缓或旺长。

　　(3)连续低温阴雨寡照天气>5 d。

　　3. 建议与防范措施

　　(1)及时通风(放顶风)。适当增大昼夜温差,促进雌花开放。遇低温寡照天气,加强保温,提早关闭风口,防止植株产生冻害。

　　(2)蹲苗结束后,进入伸蔓期,应及时浇伸蔓水,水量要充足,以保证西瓜植株坐果前所需水分。底肥施用量不足的、植株长势较弱的,浇水时适量追施速效肥料,冲施肥每亩 5～10 kg,或速效氮 3～5 kg。

　　(3)为防止瓜蔓杂乱生长,应根据西瓜植株生长情况,蔓长 80 cm 以上时及时进行植株调整:把瓜蔓按一定方向顺好并固定,根据密度留 2～3 条蔓,其余蔓条去掉。

### 4.1.4　开花结果期(五莲县设施西瓜开花结果期在 4 月中旬至 5 月中旬)

　　1. 适宜气象指标

　　(1)坐果时适宜温度 28～35 ℃,花粉管伸长适宜温度 23～27 ℃,变瓤时适宜温度 32 ℃。

　　(2)空气湿度为 50%～60%,晴天日较差大,有利于坐果、变瓤。

　　(3)土壤相对湿度 70%～80%适宜。

　　2. 不利气象指标及影响程度

　　(1)气温<11 ℃不利于受精,>38 ℃影响坐果。

　　(2)土壤相对湿度<50%不利果实膨大,>90%不利于变瓤和糖分积累。

　　(3)光照少或连阴雨,大于 3 天,雌花不能正常膨大,后期光照不足,果肉着色不良,品质下降。

　　(4)出现大雨、暴雨忽干忽湿天气,引起西瓜胀裂;连阴雨≥5 d,影响瓜的质量,易浸瓜、变质。

　　3. 建议与防范措施

　　(1)当连续数日出现 35 ℃高温时,注意防风降温,午后降至 28 ℃时闭风。

　　(2)成熟期注意防御大暴雨和连阴雨,并及时收获,提高西瓜的质量。

　　(3)注意防风,早晨多风速较大的春风,要坚持每天检查压严、压实拱棚四周(图4.1)。

图 4.1　2019 年 5 月 10 日,五莲县洪凝街道罗圈村结果期西瓜

### 4.1.5　五莲县设施西瓜生长期主要气象灾害

#### 1. 低温冻害

五莲县早春由于寒潮侵袭,常出现低温连阴雨和晚霜冻危害,此时正是西瓜苗期,因冷空气入侵,气温短时间急剧下降到西瓜的下限温度,极易出现冻害现象,若持续时间较长,会造成幼苗受冻甚至死亡。

#### 2. 阴雨寡照

连阴雨天气也是影响西瓜生长发育的气象灾害之一,五莲县 5 月易发生连阴雨寡照天气,连续阴雨,光照不足,湿度较高易引发西瓜各类病害。

#### 3. 风灾

五莲县春季多风,7 级以上大风日数年均 4.0 d,春季大风日数年均 2.6 d,春季最多大风日数 10 d,4 月正是西瓜的坐果期,对西瓜的生长发育及后期的产量和西瓜品质造成很大的影响。大风对西瓜的生长影响较大,在幼苗期极易造成折断,对西瓜茎叶造成严重的影响,从而导致光合作用受到影响致使西瓜减产。

#### 4. 冰雹

春末夏初是强对流天气的高发期,易出现短时的冰雹、大风、暴雨以及强雷电天气。五莲县 5 月是全年冰雹出现频率最多的月份,其次是 6 月,此时正值设施西瓜成熟期,冰雹易砸坏大棚,瓜架倒塌砸伤西瓜,西瓜出现大量伤口,导致病菌入侵,加上高温高湿天气,利于病菌生长繁殖,极易出现病害流行,造成减产或绝产。

## 4.2　苹果气象服务指标

五莲县苹果栽培历史悠久,从 20 世纪 60 年代开始,小国光苹果一直是五莲县主栽的当家品种。由于果实着色好、硬度大、耐储运、口感酸甜适度、风味清香爽口,在上海、南京、武汉、哈尔滨等大城市市场上非常畅销,甚至还远销俄罗斯。"烟台苹果莱阳梨,五莲国光不用提"的民谚让五莲小国光的招牌享誉齐鲁。目前五莲县苹果主要品种有"红富士""国光""白粉皮""祝光"等十几个优质品种,产量高,质量上乘。五莲苹果为地理标志证明商标。

不同品种采摘时间不同,苹果果实的生长期在正常的气候条件下,一般都有比较稳定的生长发育期,一般早熟品种在盛花后 60～100 d 成熟,中熟品种为 100～140 d,中晚熟品种为 140～160 d,晚熟品种为 160～190 d。

### 4.2.1　根系生长期(五莲县苹果根系生长期为 3 月上旬至中旬)

1. 适宜气象指标

(1)根系没有休眠期,只要温度适宜,可一直生长。3 月上、中旬,土壤温度上升到 1～2 ℃时,苹果根系开始生长。根系生长适宜温度为 14～21 ℃。

(2)适宜土壤温度为 7～20 ℃。

(3)适宜土壤相对湿度为 65%～75%。

2. 不利气象指标及影响程度

(1)1.0～7.0 ℃和 20～30 ℃根系生长减弱,超过 30 ℃或低于 0 ℃时,根系不能生长。

(2)初眠期可耐−9 ℃低温,熟眠期可耐−11 ℃低温。

3. 建议与防范措施

(1)花前及时复剪。花前复剪,是纠正冬剪失误及弥补因气候、机械损伤等破坏原来冬剪树形的有效措施。对调节花量、改善结构、集中营养、协调生长与结果的关系有不可替代的作用。对刚结果的幼树,应尽量多保留花芽结果以缓和营养生长;对盛果期的小年树,也要多保留花芽,以获得一定的产量;对盛果期大年树,应按花芽、叶芽比例为 1∶3～1∶2 的比例,严格控制花芽留量。

(2)肥水应满足养分需要。施足有机肥的基础上追施化肥,以满足果树开花、坐果和新梢生长对养分的需求。追肥的数量可因土壤、树势、树龄、产量而定,一般在肥沃土质上的壮幼树不追肥,瘠薄土质上的弱幼树可少量追肥。

(3)病虫害的防治是关键。降低病虫基数,减少全年危害。技术上要掌握好"刮、涂、喷、清"。刮就是刮腐烂病斑、老翘皮、轮纹病病瘤;"涂"就是对刮好的病疤涂腐迪等,既杀菌又有保护膜的药,对所有剪锯口涂抹愈合剂;喷就是全园喷一次 3～5 波"美度石硫合剂"或 20 倍"液腐必清"或 800"倍液好力克";"清"就是对病枝、病果、落叶、老翘皮清理到园外或就地深埋。开春后对腐烂病随发现随刮治,刮老翘皮可以放到发芽时进行。

### 4.2.2　萌芽—花芽分化期(五莲县苹果萌芽至花芽分化期为 3 月中旬至 4 月上旬)

1. 适宜气象指标

(1)萌芽期是果树由休眠转向生长的标志,适宜温度为 10～15 ℃。日平均气温上升到 3 ℃以上,苹果地上部分开始活动,气温在 5 ℃以上开始萌芽,8 ℃左右开始生长,15 ℃以上进入活跃期。

(2)果树新梢旺盛生长期,营养生长需要消耗大量水分,也是对水分非常敏感的时期,称为"果树需水临界期",需保证土壤相对湿度在 80% 左右。

2. 不利气象指标及影响程度

(1)新芽在 -5.5～-5 ℃低温持续时间超 1 h 后就出现冻害。

(2)土壤相对湿度低于 70%,影响春梢生长,不利于叶片伸展。

(3)长时期的春旱,往往造成苹果萌芽不一致,影响坐果率。

3. 建议与防范措施

(1)春季苹果树萌芽抽梢,孕育花蕾,需水较多。此时常有春旱发生,及时灌溉,可促进春梢生长,增大叶片,提高开花势,还能不同程度地延迟物候期,减轻春寒和晚霜的危害。但灌溉时期不能太早,否则,效果不明显。

(2)春剪。在萌芽后到花期前主要是进行抹芽、疏枝、回缩、刻芽等来缓和树势,增加坐果,提高萌芽率,促生中枝、短枝。不过春剪去枝量不大,只是对冬剪的补充。

(3)地下追肥。早春施催枝叶肥,以氮肥为主,如尿素、硫酸铵、硝酸铵等。以促进新梢生长,提高坐果率和果实产量(图 4.2)。

图 4.2　2020 年 4 月 4 日,五莲县叩官镇小峪子村萌芽期苹果

### 4.2.3　花芽分化—坐果期(五莲县苹果花芽分化至坐果期为 4 月上旬至下旬)

1. 适宜气象指标

(1)苹果花芽分化的最适宜温度为 17~22 ℃。花期最适温度为 17~18 ℃,授粉最适温度为 15.5~21 ℃。

(2)苹果花芽萌发至开花需要日平均气温>10 ℃的积温约 240~260 ℃·d。苹果花期与开花前 40 d>10 ℃的积温关系最密切,积温越多,花期就越早。

(3)花期对水分最敏感,土壤相对湿度以 60%~70%为宜。

(4)花芽分化期需要较高的光照条件。

2. 不利气象指标及影响程度

(1)超过 25 ℃抑制花芽生理分化和形态分化,32 ℃出现频率高低及持续时间长短对花芽分化有较大影响。热量不足,花芽分化不好,果实小而酸。

(2)现蕾期在 −3.5~−2.5 ℃低温,现蕾至盛花期在 −2~−1.5 ℃低温持续时间超 1 h 后就出现明显冻害。花粉在 5 ℃左右时受冻,逐渐失去活力,26.6 ℃以上花粉发芽力减弱。红富士苹果遇最低气温为 −2 ℃时,中心花受冻率高达 70%以上。

(3)如果水分不足,则不利于成花坐果和保果,水分过多对开花也不利。

3. 建议与防范措施

(1)预防霜冻。4 月气温回升快而不稳,常有霜冻发生。如天气预报有霜冻,应积极采取措施,防止霜冻的危害。有霜冻危险的夜晚在果园内熏烟,能减少土壤热量辐射散发,烟雾可使水汽凝成液体而发出热量提高气温。凌晨燃烧烟可使果园小气候温度较外界高 1~1.5 ℃。如果发生了霜冻危害,果农可于当天及时喷布黄腐酸类叶面肥以缓解霜冻的危害。

(2)合理疏花。苹果疏花的方法是:在苹果花未开放前的花序分离期,根据树势强弱、品种特性,先按 20~25 cm 间距留 1 个花序。如果果树花期气候不稳定或者遇到霜冻天气,应推迟疏花疏果的时间;花期气候稳定,疏花应尽早进行。

(3)花期喷硼。盛花期(即 50%花开放时)全树喷 0.3%硼砂+1%蜂蜜水+4%农抗 120(水剂)1000~1200 倍液喷雾,可促进花粉管萌发、生长,引诱蜜蜂,提高坐果率,预防霉心病兼防其他病害(图 4.3)。

### 4.2.4　果实膨大期(五莲县苹果果实膨大期为 5 月上旬至 8 月下旬)

1. 适宜气象指标

(1)苹果果实膨大期适宜的气温为 22~28 ℃,气温日较差≥10 ℃。

(2)适宜空气相对湿度为 60%~70%。

(3)土壤湿度变化对果实膨胀速度及产量影响很大,土壤适宜相对湿度为 70%左右。

(4)需要良好的光照条件。

图 4.3　2020 年 4 月 18 日,五莲县许孟镇西瓦窑沟村开花期苹果

2. 不利气象指标及影响程度

(1)幼果期<−1 ℃,极易有冻害发生。

(2)空气相对湿度<40%,如果降雨少又缺乏灌溉,则影响果实正常增大,从而影响当年产量和品质,严重者则使苹果早熟或落果,甚至影响次年苹果产量。

3. 建议与防范措施

(1)继续夏季修剪,疏除过密枝、交叉枝。结果量大的树要进行顶枝、吊枝,以防折断劈裂。对于过旺树要进行控长,促进花芽形成,从秋梢生长初期,每隔 10～15 d,对旺长苹果树喷多效唑 150～200 倍液 2～3 次以控秋梢旺长,促进花芽饱满。

(2)降雨量大时要及时排涝,防止果树长时间被水浸泡。雨季来临之际,树冠下可多穴施入粉碎的秸秆、麦秸或麦糠等,或者在树下铺盖秸秆(注意压土防火)。

(3)杂草多的果园可进行化学除草,每亩喷布 10%草甘磷水剂 0.5 kg,兑水 30～40 kg,喷时加入少量洗衣粉可提高药效。喷除草剂时要注意不要喷到果树叶片和果实上,以免出现药害(图 4.4)。

## 4.2.5　着色成熟期(五莲县苹果着色成熟期为 9 月上旬至 10 月上旬)

1. 适宜气象指标

(1)苹果着色期要求气温 10～20 ℃,最适温度为 14～18 ℃,昼夜温差 12～13 ℃以上,有利于糖的累积。

(2)土壤相对湿度宜控制在 65%左右。

图 4.4　2019 年 7 月 20 日,五莲县许孟镇西瓦窑沟村果实膨大期苹果

（3）成熟期需要充足的光照,要求月平均日照时数>150 h(图 4.5)。

2. 不利气象指标及影响程度

（1）日最高气温>35 ℃或者日平均气温>30 ℃持续 5 d 以上,着色的果实褪色或着色不良。

（2）成熟的果实可耐-4～-6 ℃的低温,但气温过低会引起冻伤或腐烂。

（3）土壤湿度不宜过高,否则会使苹果贪青晚熟,易遭霜冻,影响果品价格。

3. 建议与防范措施

（1）一般摘袋时间在早上 10 时以前,下午 3 时以后进行,中午高温坚决不能摘袋,很容易引起日烧。摘袋之前,全园可以适当浇小水,一是防治摘袋后产生日烧;二是防止摘袋后,果面水分蒸发量过多,引起苹果脱水萎蔫。

（2）一般果实在套袋期间不易发生病害,但在除袋后,一些常见的病害,如红色斑点病、轮纹病等会迅速蔓延,病害会使果实表面出现大小不等的褐色斑纹,影响果实的品相和品质,果实价值降低。在摘除套袋后的第 5 天开始,对全树进行喷药防治病害。可选药品包括 70%的甲基托布津 1000 倍液或 80%的多菌灵纯粉 1000 倍液等。

（3）分期采收,一般可分 2～3 期采收,在适宜的采收期内,应成熟一批采摘一批,第一批先摘树冠外围着色好,个头大的果实,间隔 7～10 d 再摘第二批,留下树冠内膛的小果、绿果最后采收,采收时要保护果柄,以提高果品等级率。

(4)采收前注意收看天气预报,不宜在有雨、雾或露水未干前进行,应选择好天气采果,一天中在晨露消失后至午前最好。

(5)夏季注意预防高温热害,特别是气温>35 ℃时要更加引起注意(图 4.5)。

图 4.5 2016 年 10 月 9 日,五莲县叩官镇小峪子村成熟期苹果

### 4.2.6 落叶休眠期(五莲县苹果休眠期一般在 10 月下旬到次年 2 月下旬)

1. 适宜气象指标

(1)当日平均气温<15 ℃时,苹果树即开始落叶。落叶标志着休眠的开始。

(2)苹果每年需正常休眠才能进行地上部分的生长,据研究,0~7.2 ℃的低温达1440~1632 h 才能结束自然休眠(图 4.6)。

2. 不利气象指标及影响程度

(1)冬季极端最低气温≤−12 ℃易发生冻害,≤−14 ℃果树易死亡。

(2)如果冬季低温不足,会使花芽发育不良,影响产量和品质。

3. 建议与防范措施

(1)休眠期苹果园灌水是苹果全生育期灌水的重点,通常情况下多在土壤封冻前进行,灌水时期约在 11 月下旬至 12 月初进行,称封冻水。封冻水有利于促使根系活动和有机肥的分解,提高树体越冬抗寒、抗逆能力,使果树能安全度过严冬。

(2)清洁果园,护好果园卫生。入冬前对果园进行一次全面彻底的清理,彻底清除树上及地面的僵果,病果,干枯枝、干果蒂,清除果园里的病死株、病虫落叶、杂草,并将所有清除物挖坑深埋,或带出园外集中烧毁,能有效地减少害虫的越冬基数,压低翌年病虫害的发生。

(3)害虫越冬时入土深度多在 10~15 cm 土层内,因此,应在土壤封冻之前或解冻之后,对果园进行一次深翻,把表土层的越冬害虫翻入深土层,使其不能顺利出土为害,同时把少数在深土层中越冬的成虫、蛹翻到地表,使其暴露在地面而冻死或被鸟啄食。

图 4.6　2012 年 2 月 4 日,五莲县叩官镇休眠期苹果树

### 4.2.7　五莲县苹果生长期主要气象灾害

#### 1. 冻害和倒春寒

五莲春季有许多气象灾害,其中低温冻害和倒春寒是五莲县苹果危害最为严重的气象灾害。春季晚霜冻多出现在果树萌芽期至幼果期,一般萌芽开花早的苹果较易遭受晚霜冻。萌动的芽遭受霜冻后,外观变褐色或黑色,鳞片松散,不萌发,以后干枯脱落。花蕾期和花期遇霜冻,由于雌蕊不耐寒,轻霜即可冻坏雌蕊花托,而花朵照常开放;稍重时可冻坏雄蕊,严重时花瓣变色脱落。幼果受冻,多畸形,长得慢,最后落掉。幼叶受害,叶缘变色,叶片变软,甚至干枯。低温冻害严重影响果树的产量和品质。

#### 2. 高温热害

当温度上升到苹果所能忍受的临界以上,对苹果生长发育及产量造成损失,高温是夏季五莲县苹果树主要气象灾害之一,发生频率高,危害范围大,每年都有不同程度的危害。高温造成果实灼伤,果径普遍小于常年,套纸袋的苹果灼烧率为 5%～10%,套塑膜袋的苹果灼烧率为 10%～15%。

#### 3. 大风

春季是五莲大风频发的季节,影响苹果树正常授粉和坐果,4—5 月幼果遇到大风天气,容易造成落果。夏、秋季果实膨大发育,单果重量逐渐增大,果柄承重能力有限,大风造成落果。

**4. 冰雹**

5—6 月的苹果正值果实发育期,同时也是冰雹多发期,小的冰雹降落后导致苹果表面有褐色伤痕,大的冰雹会将苹果砸烂或砸落,影响到果品的质量等级和产量。苹果树在遭受冰雹后,树体受伤,树势衰弱,营养供应不足,影响果实的生长发育。

**5. 洪涝**

五莲县汛期易发生洪涝灾害,常伴有狂风暴雨天气发生,对苹果造成极大伤害,有的苹果树被吹倒,或从茎干基部折断,容易滋生病菌,造成烂果落果现象。

# 4.3　桃树气象服务指标

桃为落叶小乔木,喜光,喜温性。桃树对土壤、气候条件适应性强,抗旱、抗寒,无论山地、平原、丘陵、沙地均可栽植。一般定植后 2～3 年开始结果,4～5 年即可大量结果。五莲县桃树种植历史非常悠久,目前栽培面积多达 5 万亩,主要品种有中至蜜桃、油桃、黄桃等。

### 4.3.1　根系生长期(五莲县桃树根系生长期一般在 3 月上旬至下旬)

1. 适宜气象指标

(1)桃树根系的生长节奏与地上部分不同,根系没有明显的休眠期,只要土壤温度在 0 ℃以上,就能顺利地吸收氮素并将之转化成营养成分。

(2)当土壤温度在 5 ℃左右新根开始生长,>15 ℃生长旺盛,在 20～22 ℃生长最快,当土温高于 26～30 ℃时,新根停止生长。

(3)在土壤温度达 7.2 ℃时,新根吸收的营养物质就可以向地上部分输送。

2. 不利气象指标及影响程度

(1)桃树的根系当土壤温度降至−12～−10 ℃时即遭受冻害。

(2)缺水时根系生长缓慢或停长,若 1/4 以上的根系受旱时,地上部分会出现萎蔫现象。

3. 建议与防范措施

(1)及时清园。将枯枝、落叶、杂草、冬季剪掉的枝条清出园外。这样做有利于地下管理,还有利于清除部分隐藏在枯枝落叶中的越冬病虫。

(2)浇解冻水。萌芽前浇一次解冻水,尤其是对没有浇过冻水的山地果园、沙地果园,冬剪去枝量较轻的果园,抽条严重的果园,有利于萌芽均匀,开花整齐,从而提高坐果率。

(3)花前复剪。在冬剪的基础上,剪除枯枝干橛及并生枝、重叠枝、交叉枝、密挤枝、病虫枝,定量留枝,均匀分布结果枝组。

(4)剪锯口涂抹保护剂。大型剪锯口不易愈合,容易遭受病虫侵袭而致病,宜涂抹枝腐灵、9281、果腐康等保护性药剂。

### 4.3.2 开花坐果期(五莲县桃树开花坐果期一般在3月下旬至4月下旬)

1. 适宜气象指标

(1)花芽萌发期要求日平均气温6～7 ℃以上,温度过低或变化幅度大,萌芽期延迟。

(2)开花期要求日平均气温在10 ℃以上,适宜温度为12～14 ℃。26 ℃以下,温度越高开花速度越快。

(3)气温＞10 ℃,花粉萌芽和花粉管伸长较快,适宜温度为18～28 ℃。

(4)谢花期适宜日平均气温18～20 ℃,日平均温度≤15 ℃时坐果时品质较差,最低温度低于0 ℃受冻害。

(5)雌蕊保持受精能力的时间,一般为4～5天(图4.7)。

图4.7　2020年4月5日,五莲县中至镇中至村开花期桃树

2. 不利气象指标及影响程度

(1)气温＞30 ℃,花粉发芽受到抑制,在10 ℃以下活动亦受阻,5 ℃以下停止发育。温度低且变幅大,则开花速度缓慢,期间遇上倒春寒会对授粉造成不利影响。

(2)开花期和幼果期的受冻温度约为－1 ℃。桃花可忍耐短时间的－5～－3 ℃的低温。

(3)花芽萌动后的花蕾变色期,受冻害的温度指标为－6.6～－1.7 ℃。

(4)北方如遇干热风天气,雌蕊柱头1～2 d内即枯萎,影响受精。

3. 建议与防范措施

(1)灌透萌芽水,有利于开花坐果。

(2)预防倒春寒。在萌芽期,喷施"爱多收"6000 倍液或"碧护"800～1000 倍液,可有效防止倒春寒危害。在整个花期,密切关注天气预报,重视寒潮霜冻预警,夜晚及时熏烟防寒。寒霜过后再喷一遍 6000 倍液的"爱多收"。

(3)在桃子树开过花 15 d 内,最好喷洒一些杀虫剂,能够防止病虫啃食桃树的叶子。在使用药剂喷洒时,尽量采用喷雾形式,能均匀的洒落在整个桃树上。

(4)对桃树多补充营养,如果是已经开花的桃树,多施花前肥,能让花开的数量更多,促进新梢的生长,也能适当提高整个桃树的坐果,率促进幼果的发育。在果实进入生长的阶段,对桃树施壮果肥,保证果实内部能够更好地生长,水分的含量会更多,使桃子的口感更甜。在施肥过后浇一点水,让肥料更好地渗透到土壤里,有利于桃树的吸收。

(5)及时疏花疏果定果。对自花结实率高的品种,建议桃农应及时疏花疏果,并且越早越好;对无花粉或自花结实率低的品种,建议不疏花只疏果。注意,疏果应在花后 2 周内结束,尽量选留长度为 5～30 cm、粗度 0.3～0.5 cm 的优质结果枝上的果。每个长果枝选留 2～3 个果、中果枝 1～2 个果、短果枝 2～3 个枝选留 1 个果,果间距保持在 15～20 cm 之间。

(6)提高授粉质量。在花期喷 0.3% 硼砂溶液,有利于提高授粉受精,及花和幼果抗逆能力。对无花粉或花粉量小的品种,建议在花期进行人工辅助授粉,或者利用蜜蜂、雄蜂授粉,可以提高坐果率。

### 4.3.3　果实膨大成熟期(五莲县桃果实膨大成熟期一般在 5 月上旬至 6 月下旬)

桃树果实生长分为第一迅速生长期、硬核期和成熟前第二迅速生长期。第一迅速生长期长短,在早、中、晚熟品种之间的差异不大,为 50 d 左右;硬核期的长短一般早熟品种为 5～10 d,中熟品种为 10～15 d,晚熟品种为 40～50 d(图 4.8)。

1. 适宜气象指标

(1)果实膨大期以日平均气温 25～30 ℃较好,成熟期 28～30 ℃,硬核期 18～24 ℃。

(2)第一迅速生长期时温度尚较低,其果实长大与昼温、夜温及日平均温度成高度正相关,气温越高果实生长越快。

(3)第二迅速生长期的月平均气温在 20～25 ℃之间产量最高且品质佳。

(4)根据研究,温度在 15～25 ℃果实都能正常着色,其中以 22 ℃着色程度最好。

2. 不利气象指标及影响程度

(1)果实成熟期日平均气温＞30 ℃会影响桃树的正常生长,枝干、果实易被灼伤,果实品质下降,全糖含量虽然不低,但还原糖(葡萄糖)在全糖中的比例高,非还原

图 4.8　2019 年 6 月 15 日,五莲县中至镇中至村膨大期桃树

糖(蔗糖)比例降低。

(2)温度<15 ℃促进苹果酸的形成,果实全糖含量少,酸的含量高,温度过低,树体发育不正常,果实不易成熟。

(3)气温>35 ℃则妨碍果实着色。

3. 建议与防范措施

(1)疏果一般在自然落果结束到硬核期进行。留果量要根据桃树的树龄、树势、地力条件等确定,一般亩产量定为 2500 kg 左右。

(2)套袋要选纸袋,因桃果较大,应选大一些的纸袋。去袋应在果实采收前 3～5 d 进行。套袋不仅能提高果实的外观质量,还能有效地防止钻心虫、金龟子、鸟以及冰雹的危害。

(3)果实成熟前追肥。在果实成熟前 5～30 d,是快速生长时期,需要大量的肥水供应。这个时期追肥浇水,既增加产量,又提高质量。桃树是喜钾果树,生物钾肥应是首选肥料,其次是硫酸钾。

(4)合理修剪。夏季高温容易造成桃树徒长,进行合理修剪并再次确定留果量,对于促进桃树生长十分重要,尤其是到了桃子的膨大期。在修剪的过程中,要注意疏枝修剪最佳时间是在果实成熟前 10～15 d 进行,过早萌发的二次枝会影响果实着色,过晚促进膨大效果不明显。

(5)病害防治。夏季桃果膨大期也容易滋生各种病害,因此在开始膨大的时候一般需要喷一次药,这也是采收前最后一次用药。而桃果果农要注意用药间隔期,最少用药后 7～10 d 才可采收,切忌喷药后就采收。

## 4.3.4　落叶休眠期(10 月上旬到次年 2 月下旬)

1. 适宜气象指标

(1)土壤温度降至 11 ℃以下,桃树停止生长,进入冬季休眠期。

(2)不同的品种,休眠期对 0～7.2 ℃的低温要求不一,其幅度为 100～1150 h,大多数品种为 650～850 h。

(3)在自然状态下,多数品种打破自然休眠的理想温度为 12 月至翌年 2 月的平均温度为 0.6～4.4 ℃。平均气温 9 ℃左右,虽然也能打破自然休眠,但时间要延长。

2. 不利气象指标及影响程度

(1)冬季需要一定的低温,桃树才能解除自然休眠,如果冬季不能满足桃树对低温的要求,则翌年萌芽、开花显著延迟并且不整齐,甚至花蕾中途枯死脱落。

(2)冬季休眠期中能够致使桃树遭受冻害的低温为 -25～ -23 ℃,但耐寒的浑春桃和黄甘桃,在经过 -27 ℃的严冬后,仍会有较好的收成。

3. 建议与防范措施

(1)早施肥。施肥时间不宜超过 2 月下旬,提前早施更好。肥料种类为化学碳铵、磷肥、钾肥与有机肥配合。在树冠下面,靠近根系分布区,挖 2～3 个施肥坑,将有机肥与氮、磷、钾化肥充分混匀后施入,施后及时盖土。

(2)萌芽前遇干旱和多雨,应灌施清淡粪水抗旱和排水防渍。

(3)科学翻土。幼树可在树冠下面及树冠垂直部位外围 1 m 左右进行深翻,逐年扩大,至相接为止。深翻深度以 20～30 cm 为宜,大树可结合施入基肥后进行全园深翻,应注意接近主干处要浅,远离主干要深。

(4)整理沟系。桃树不耐涝,生长期淹水一天以上即会死亡。利用冬闲时间,对桃园内沟系进行清理、维修,完善排水系统,可保证次年雨季桃园排水畅通,达到雨停沟内无水的状况,降低地下水位,减少积水对桃树生长的影响。

## 4.3.5　五莲县桃树生长发育期主要气象灾害

1. 低温冻害

五莲县位于鲁东南山区,属暖温带大陆性季风气候,四季分明,冬季严寒,夏季炎热,春季风大干燥、气温多变。春季 3 月下旬当日平均气温达 6～7 ℃时桃树进入花期。晚霜平均日期为 4 月 3 日,最早日期为 2 月 14 日,最晚日期为 5 月 3 日,萌芽期易受霜冻危害。2019 年 3 月底有一次倒春寒,气温降至 -2.7 ℃,桃花受冻,对产量影响很大,导致部分桃园绝产。

2. 大风

桃树休眠期抗风力较强,生长中后期抗风力较弱。花期遇有大风,易使花粉干缩,影响传粉和受精,使坐果率下降。春季大风还常伴有低温,使花粉在柱头上发芽停止或发芽率降低,影响坐果,果实成熟前出现大风,易造成"风落果",严重影响产量和质量。

### 3. 冰雹

五莲县冰雹每年3—10月都有可能发生,从气象资料统计来看,年平均0.5 d,以5—6月出现最多,此时正是桃树果实膨大成熟期,冰雹出现时造成桃树落花、落果严重,减产歉收。

### 4. 高温

果实成熟期日平均气温超过30 ℃会影响桃树的正常生长,枝干和果实易被灼伤,果实品质下降。根据气象资料统计,五莲县≥35 ℃高温日数年平均3.5 d,主要集中在6—7月,2002年最多出现6 d,最高气温达40.7 ℃,导致当年桃树的品质和产量下降。

### 5. 连阴雨

连阴雨是指连续阴雨达5 d或以上的天气现象,以长期阴雨、气温偏低、湿度偏大和日照偏少为基本特征。花期出现连阴雨天气,相对湿度偏大,气温又偏低,会导致花粉不能正常发芽,坐果率也会降低。果实生长后期要求少雨多晴天,利于糖分的积累及着色。雨量过多、过频会影响果实发育,加重裂果及桃炭疽病病害的发生。

## 4.4 板栗气象服务指标

五莲县盛产板栗,素有"栗乡"之称。板栗栽培历史悠久,相传在隋朝,五莲百姓就把栗子加工成粉,做成栗坯(砖),垒在墙壁里,以备饥荒。在漫长的岁月中,培育出大明栗、小明栗、大毛栗、小毛栗、包袱栗等许多优良品种。自20世纪70年代以来,又先后引进了红光、金斗、红皮油栗、燕丰等优良品种。至20世纪80年代末,五莲县板栗种植面积已达5.5万亩,年总产量达112万 kg,产量居全省第二位,系山东重点产区之一。五莲县板栗品种优良,营养丰富,香甜可口,含有大量的淀粉、脂肪、蛋白质以及还原糖,生食、熟食皆可。一般在9月中、下旬采收。2013年,"五莲板栗"通过农业部农产品质量安全中心审查和组织专家评审,实施国家农产品地理标志登记保护。

### 4.4.1　根系生长期

#### 1. 适宜气象指标

栗树根系在地温8~8.5 ℃开始活动,23~26 ℃为根系生长旺盛时期。一般根系活动时间比地上树体部分早10 d左右,停止活动比落叶晚30 d左右。

#### 2. 不利气象指标及影响程度

地温降至5 ℃时就停止活动。

#### 3. 建议与防范措施

(1)春季3月上旬至4月上旬及时给板栗施肥。将硼砂施在树冠周围须根密集分布的区域,然后覆土浇水,每株施用 0.1～0.15 kg,当年板栗空苞率可降低到 4%以下。

(2)板栗适宜在含有机质较多、通气良好的砂壤土生长,有利于根系的生长和产生大量的菌根。在黏重、通气性差,雨季排水不畅,易积水的土壤上生长不良。

(3)板栗对土壤酸碱度敏感,适宜的 pH 值范围为 4～7,最适为 pH 值为 5～6 的微酸性土壤。石灰岩山区风化土壤多为碱性,不适宜发展板栗。花岗岩、片麻岩风化的土壤为微酸性,且通气良好,适于板栗生长。

### 4.4.2　萌芽展叶期(五莲县板栗萌芽展叶期在 4 月中旬到 5 月中旬)

1. 适宜气象指标

(1)当气温上升到 13～15 ℃时,栗树芽开始萌动、吐绿,枝条形成层细胞开始活动,随着气温的升高,芽很快萌发和展叶,随后进入新梢生长高峰期。

(2)萌芽期水分对于板栗产量至关重要。3 月到 4 月上旬降水量 25～50 mm 利于板栗萌芽展叶(图 4.9)。

图 4.9　2019 年 5 月 16 日,五莲县龙潭沟水库展叶期板栗

2. 不利气象指标及影响程度

(1)如在萌动、展叶期遇晚霜冻,则会冻坏叶片,推迟开花。

(2)3 月到 4 月上旬降雨量小于 12 mm,板栗几乎绝产。但栗树不耐涝,连续积水 1～2 个月,栗树根系腐烂,树体死亡。

**3. 建议与防范措施**

(1)4月中下旬芽体萌动后,当新梢生长到30 cm时,将新梢顶端摘除,主要用在旺枝上,目的是促生分枝,提早结果。每年摘心2~3次。初结果树的结果枝新梢长而旺,当果前梢长出后,留3~5个芽摘心。果前梢摘心后能形成3个左右健壮的分枝,提高结果枝发生比例,同时还能减缓结果部位外移。

(2)幼旺树进行修剪、拉枝、刻芽、摸芽促分枝。将1.5 cm以上的枝条拉成70°~80°角,在枝条背上每隔20~25 cm刻一个芽,芽膨大后,抹掉枝条上的全部弱芽,使养分全部集中到保留的枝条上。对于只有一个壮营养枝的枝条从1/3饱满芽进行短截,并在截口第2芽以下连续刻芽3~5个,提高早期枝叶量和产量。

(3)采集生长健壮,无病虫害,表现高产优质,抗逆性强的优良品种枝条做接穗,对板栗树进行嫁接以提高板栗的品质。

(4)开80×80×60 cm穴,按"三埋二踩一提苗"栽植板栗苗,可使成活率提高到90%以上。

(5)萌芽前浇水,有利新梢生长,增加雌花分化,为第二年丰产打下基础。

(6)板栗雌花分化在萌芽至展叶期进行,此时施用N、P、K复合肥加入适量的硼肥,既可促进雌花分化又可减少空苞率。

(7)防治板栗透翅蛾刮除危害部位的粗皮并刮到活组织1 cm处,然后涂抹10倍内吸剂农药+煤油乳剂。

### 4.4.3　花期(五莲县板栗花期在5月下旬到6月上旬)

板栗雄花开放过程大致可分为花丝露出、花丝伸直、花丝裂开和花丝枯萎4个阶段。整个开花过程约10~15 d左右。在一个雄花序上总是基部的雄花先开,逐渐向上延伸,先后相差约15~20 d,带有雌花的花穗比单雄花的花期晚5~7 d左右。雌花没有花瓣,观察雌花开放过程主要以柱头的生长发育情况为标准。开花过程可分雌花出现、柱头出现、柱头分叉、柱头展开、柱头反卷5个阶段(图4.10)。

**1. 适宜气象指标**

(1)板栗开花期适宜温度为16~26 ℃。

(2)花序分化要求较好的光照条件,日照时数大于6 h为宜。

(3)板栗授粉是以风媒传播为主,花期微风有利于授粉,适宜风速3~5 m/s。

**2. 不利气象指标及影响程度**

(1)当气温<15 ℃或>27 ℃时,均将影响授粉受精和坐果。

(2)展叶期到雄雌花分化期间,遇到春旱会造成营养缺乏、花期缩短、落花落果。

(3)花期雨水过多会妨碍板栗传粉受精,结实率降低或苞皮裂开。

(4)若光照不足,栗树枝条细弱、内部和下部枝条容易枯死且雌花少,影响产量和品质。

图 4.10　2018 年 6 月 20 日,五莲县九仙山花期板栗

(5)风速>10 m/s,对板栗授粉有较大影响。

3. 建议与防范措施

(1)栗树主要靠风传播花粉,由于栗树有雌雄花异熟和自花结实现象,单一品种往往因授粉不良而产生空苞。新建的栗园必须配制 10%授粉树。

(2)在枝上只留几根雄花序,将其余的摘除。其作用主要是节制营养,促进雌花形成和提高结实力。

(3)可直接用手摘除后开的小花、劣花,尽量保留先开的大花、好花,一般每个结果枝保留 1～3 个雌花为宜。

(4)在疏花时,要掌握树冠外围多留,内膛少留的原则。人工辅助授粉,应选择品质优良、大粒、成熟期早、涩皮易剥的品种作授粉树。

(5)当一个枝上的雄花序或雄花序上大部分花簇的花药刚刚由青变黄时,在早晨 5 时前将采下的雄花序摊在玻璃或干净的白纸上,放于干燥无风处,每天翻动 2 次,将落下的花粉和花药装进干净的棕色瓶中备用。当一个总苞中的 3 个雌花的多裂性柱头完全伸出到反卷变黄时,用毛笔或带橡皮头的铅笔,蘸花粉点在反卷的柱头上。如树体高大蘸点不便时,可采用纱布袋抖撒法或喷粉法,按 1 份花粉加 5 份山芋粉填充物配比而成(图 4.10)。

### 4.4.4　果实发育成熟期(五莲县板栗果实发育成熟期在 6 月中旬到 10 月上旬)

1. 适宜气象指标

(1)板栗果实增大期要求平均气温 20～22 ℃最佳。

（2）坚果生长到成熟期降水多且集中,有利于增产,若果实迅速生长期降水<46 mm,将影响板栗当年产量。

（3）日光照时数>6 h(图 4.11)。

图 4.11　2018 年 10 月 2 日,五莲县户部乡龙潭沟成熟期板栗

**2. 不利气象指标及影响程度**

（1）>35 ℃高温影响灌浆,<16 ℃灌浆基本停止。此时期若气温低,则不利坚果发育,坚果小,成熟晚。

（2）阴雨连绵会降低果实品质和产量。果实发育过程中干旱则容易产生"空苞"。

（3）板栗并不耐涝,常因土壤排水不良、根群长期受水浸渍而导致落叶,甚至全株枯死。秋季成熟前的适当降雨,可促进果实生长,有利增产。如秋雨过多,也会发生裂果现象,影响产量与质量。

**3. 建议与防范措施**

（1）在 7 月中下旬栗蓬进入迅速膨大期进行疏蓬,疏除小蓬留大蓬。一般来说,强、中、弱果枝按 3、2、1 留蓬,即强果枝留 3 个蓬、中果枝留 2 个、弱果枝留 1 个。

（2）该期易受炭疽病、白粉病、干枯病等危害,造成大量烂果和落果,每月防治一次,即向树冠内外喷洒一次 1000 倍液的"毒死蜱"、800 倍液的"甲基硫菌灵混合液";或 1000 倍液的"敌敌畏"、600 倍液的"多菌灵混合液",有效防治上述病虫的发生和危害,保护好栗果不受病虫侵害,提高好果率。

（3）夏季是板栗果实生长的时候,所以树体对养分的需求很大,对板栗树施绿肥,主要提高土壤中的养分含量。还可以增施有机肥促进果实膨胀,使果大肉厚,味道香甜,也能使果实的成熟时间提前。

(4)如果遇到多雨的天气可以不用浇水,园子里要修好排水沟,及时排出多余的水。在雨季,空气湿度也会比较大,上面说到的修剪工作可以增加树体的透光度。如果天气比较干旱,就要在傍晚的时候浇灌。

(5)适时采收。大部分品种在 9 月中下旬成熟。必须待栗苞由青色变为黄褐色,并有 30%～40% 的栗苞顶端呈十字形微裂,栗果呈棕褐色,此时采收最佳,否则坚果未成熟,组织鲜嫩,含水量高,不利于贮藏。

### 4.4.5　落叶休眠期(五莲县板栗落叶休眠期一般在 10—11 月)

1. 适宜气象指标

(1)当气温降到 3～4 ℃时,板栗树叶开始脱落。

(2)板栗休眠期以 0 ℃左右为宜。

2. 不利气象指标及影响程度

极端最低气温低于 −30 ℃,幼树和新梢在越冬休眠期常受冻害。

3. 建议与防范措施

(1)板栗树的施肥。采后尽快喷施一次叶面肥或根系施肥,以恢复树势,增强叶片光合能力,保证有充分的养分供花芽分化。在秋末落叶后增施有机肥。采用条状沟施、环状沟施、放射状沟施法,亩施有机肥 1000～2000 kg。

(2)板栗树的病虫害防治。采果后要注意及时清园,剪去枯枝、病虫严重枝,清除脱落在地面上的病虫枝叶,集中烧毁或清埋。

(3)板栗树的浇水。有水源的栗园要及时浇水;靠天然降雨的,要及时修整树盘,以保证栗树后期生长和营养积累用水,为明年生产打下良好基础。

(4)板栗树修剪整形。修剪的主要目的是促使栗树的内外、上下各部分都能抽生强健的结果母枝,充分利用空间,尽量增加结果部位。

### 4.4.6　五莲县板栗生长期主要气象灾害

1. 连阴雨

持续 5 d 以上的阴雨天气对板栗生长不利,五莲县连阴雨天气常发生于春、夏、秋季。春季连阴雨对板栗花期授粉影响较大,花期阴雨连绵,妨碍授粉,空蓬或独果增多,因而减产。秋季成熟期多雨利于栗果增产,但连阴雨导致成熟开口的栗蓬进雨裂果、烂果。

2. 干旱

五莲果农有句俗语"旱枣涝栗子",意思是板栗怕旱不怕涝,生长期内需要较多的水分。五莲县干旱频发,春旱、伏旱和秋旱有时接连出现。春旱造成板栗坐果少,伏旱造成板栗发育迟缓、不良,秋旱造成板栗栗蓬小,果实小,产量低。2019 年五莲县出现伏旱和秋旱,导致板栗畸果小果现象严重,减产 3～5 成。

3. 大风

花期有微风利于授粉。但板栗生长期间如遇大风,会造成枝干劈裂,叶片受伤,落叶落果等。

## 4.5　樱桃气象服务指标

樱桃是北方落叶果实中成熟最早的果品,其果实色泽艳丽,晶莹美观,果肉柔软多汁,味道鲜美,营养丰富,还具有很高的药用价值,被称为"果中珍品"。五莲樱桃栽培历史已经有 600 余年,近年来,由于地方政府大力扶持樱桃种植加工产业,使得樱桃种植面积与规模均有了很大提高,目前全县樱桃种植面积已达 8 万亩。

樱桃和其他果树一样,一年中从萌芽开始,规律性地通过开花、新梢生长、果实发育、花芽分化、落叶休眠等过程,周而复始,这一过程称为年生长周期。

### 4.5.1　萌芽期(五莲县樱桃萌芽期一般在 3 月中旬到 3 月下旬)

1. 适宜气象指标

(1)日平均气温>5 ℃时开始萌芽,日平均气温 8~10 ℃为适宜温度。

(2)当日平均气温到 10 ℃左右时,花芽开始萌动。

(3)日均日照时数大于 6 h,光照条件好时,树体健壮,花芽充实。

2. 不利气象指标及影响程度

(1)气温在−1.7 ℃时花芽遭受冻害,−3 ℃维持 4 h 会使花芽全部受冻。

(2)阴雨寡照天气,树体易徒长,树冠内枝条衰弱,花芽发育不良,影响坐果率。

(3)早春大风易造成枝条抽干,花芽受冻。

3. 建议与防范措施

(1)建园时要选择阳坡、半阳坡,栽植密度不宜过密,枝条要开张角度,注意树冠各部分的布局合理,保证树冠内部的光照条件,达到通风透光。

(2)大棚樱桃果实开始着色时由于棚内光照较露地差,可采取摘叶及铺挂反光膜的办法改善光照条件,过了霜期可将大棚两侧覆膜揭开卷至棚的肩部,以增强光照,促进果实着色,提高果实含糖量。

(3)春季遇到干旱天气时,有水浇条件的果园在发芽和开花前进行,主要是满足发芽、展叶、开花、坐果以及幼果生长对水分的需要,而且可以结合施肥进行灌水。此时灌水还可以降低地温,延迟开花期,有利于避免晚霜的危害。

### 4.5.2　花期(五莲县樱桃花期一般在 3 月下旬到 4 月上旬)

1. 适宜气象指标

(1)日平均气温达到 15 ℃左右开始开花,整个花期约 10 d,一般气温低时,花期稍晚,大树和弱树花期较早。

(2)微风适宜花粉授粉。

(3)晴朗天气适宜授粉。

(4)适宜相对湿度为 50%～60%(图 4.12)。

图 4.12　2015 年 3 月 23 日,五莲县松柏镇刘家南山村花期樱桃

**2. 不利气象指标及影响程度**

(1)在开花期温度降到−3 ℃以下花即受冻害,所以在发展樱桃时,不宜在过分寒冷的地区。

(2)花期遇到春季晚霜,易冻花,影响坐果率。

(3)湿度>90%或<30%,湿度过高,花粉不易发散,影响坐果,且易感花腐病;湿度过低,柱头干燥,不利于受精。

(4)花期遇到下雨天气,影响授粉,影响坐果率。同一朵花一般开放三天,其中第一天授粉坐果率最高,但假如遇到下雨天气影响授粉。

(5)花期遇到大风天气,易吹干柱头黏液,影响昆虫授粉,从而降低坐果率。

**3. 建议与防范措施**

(1)防霜。五莲县春天易发生晚霜冻,晚霜较易发生的地方,开花前可喷防冻剂,也可在开花前灌 1 次水,以推迟花期,霜冻出现前进行叶面喷水,夜间熏烟是最有效的避免霜害方法(每亩不少于 5 个草堆,以冒烟无明火为宜,草堆以来风口为主多堆放)。

(2)授粉。人工辅助授粉或花期放蜂。人工授粉宜在大樱桃盛花初期开始,连续授粉 2～3 次;在樱桃花期,可放蜜蜂(蜜蜂、壁蜂、熊蜂均可)传粉,坐果率可提高15%～30%。

(3)疏蕾。一般在开花前进行,是冬季修剪的补充,主要是疏除细弱果枝上的小花和畸形花。疏除全部花序的 15%～20%,每花束状果枝上保留 2～3 个饱满健壮花蕾即可,以保证开花期的养分供应,并在花期喷优质硼肥以提高坐果率。

(4)疏果。一般在大樱桃生理落果后进行。佐藤锦和那翁等品种未受精果脱落晚,要待已确认受精状况时,再行疏果。疏果程度要根据树体长势和坐果情况确定。一般 1 个花束状果枝留 3～4 个果即可,最多 4～5 个。叶片数不足 5 片的弱花束状果枝,一般不宜保留果实。疏果时,要把小果、畸形果和病残果疏除。

### 4.5.3　果实膨大期(五莲县樱桃果实膨大期一般在 4 月上旬到 4 月下旬)

樱桃果实的生长发育期较短,从开花到果实成熟需 35～55 d。大樱桃的果实发育过程表现为三个阶段:第一阶段为第一次迅速生长期,从谢花至硬核前。主要特点为果实(子房)迅速膨大,果核(子房内壁)迅速增长至果实成熟时的大小,胚乳亦迅速发育。这一阶段的长短,不同品种表现不同,大紫为 14 d,那翁为 9 d。这阶段结束时果实大小为采收时果实大小的 53.6%～73.5%。这说明这阶段时间虽不长,但果实生长迅速,对产量起重要作用。第二阶段为硬核和胚发育期。主要特点是果实纵横径增长缓慢,果核木质化,胚乳逐渐被胚发育所吸收而消耗,这阶段大体为 10 d。这个时期果实实际增长仅占采收时果实大小的 3.5%～8.6%。如果此阶段胚发育受阻,果核不能硬化,果实会变黄,萎蔫脱落,或者成熟时多变为畸形果。第三阶段为第二次迅速生长期,自硬核至果实成熟。主要特点是果实迅速膨大,横径增长量大于纵径增长量,果实着色,可溶性固形物含量增加。本阶段大紫需 11 d,那翁为 17 d,这个时期果实的增长量占采收时果实大小的 23%～37.8%,这个阶段在迅速生长的同时主要是提高品质。果实在发育第三阶段如果遇雨,或者前期土壤干旱,后期灌水过多易产生裂果现象。生产上要保持稳定的土壤水分状况,维持树势,以防采前裂果(图 4.13)。

1. 适宜气象指标

(1)樱桃果实膨大期的适宜气温为 20～25 ℃。

(2)适宜湿度条件为 50%～70%。

(3)适宜降水量为 30～60 mm。

2. 不利气象指标及影响程度

(1)气温<18 ℃,果面温度过低,发育迟缓;

(2)气温>32 ℃,果面温度过高时,会加剧裂果发生。

(3)相对湿度>80%,容易发生裂果。

(4)降水量<20 mm 或>80 mm,降水少影响果实发育,降水多易裂果。

3. 建议与防范措施

(1)疏果。生理落果后,应疏去小果、畸形果、伤果和细长枝过多的果实,使树体

图 4.13　2018 年 4 月 20 日,五莲县松柏镇窦家台子村果实膨大期樱桃

合理负担、平衡树势、改善保留果实营养供应,有利于提高果实品质。

（2）摘心。果实膨大期,当新梢长至 20 cm 左右时,对新梢重度摘心(摘去新梢 1/2 以上)。控制营养生长,调节营养分配,通过疏花疏果和摘心等措施,不仅能提高产量、增加单果重,还能促进和提高花芽的发育质量。

（3）摘叶。樱桃叶片肥大,大部分果实易被遮盖,见光难,果实着色期适量摘叶,有利于果实着色,但不能摘叶过多,以免影响树体生长和下年花芽质量。

（4）增光。于果实着色期在树冠下铺设银色反光膜,增加树冠下部和内膛光照,有利于果实着色。

（5）浇水。落花后,果实发育如黄豆大小,果实发育进入硬核期要及时浇水,防止"柳黄落果",浇水要求少量多次,避免土壤干旱。果实开始着色后,尽量不浇水或少浇水,防止裂果。

（6）施肥。果实发育期,叶面喷施钙肥和微肥叶面宝 800 倍液,或高美施 400 倍液,或丰宝灵 200 倍液,对增大果个、提高固形物含量和着色度效果显著。

（7）防病虫。樱桃果实病虫大多在果实膨大期开始危害,应重视此时期病虫害防治工作。

### 4.5.4　果实成熟采摘期(五莲县樱桃果实成熟采摘期一般在 5 月上旬到 5 月下旬)

1. 适宜气象指标

（1）白天适宜气温 22～25 ℃,夜间 12～25 ℃,保持昼夜 10 ℃的温差,有利果实着色。

(2)晴朗天气,白天日照时数大于8小时。

(3)相对湿度40%～50%(图4.14)。

图4.14　2019年5月12日,五莲县户部乡井家沟成熟期樱桃

**2.不利气象指标及影响程度**

(1)气温>30 ℃,会缩短成熟期,影响果实品质。

(2)相对湿度>80%,容易发生裂果,降低果实甜度,影响口感。

(3)阴雨天气易落果,且果实易裂。

**3.建议与防范措施**

(1)适时采收。采收要分批分期,根据果实成熟度、用途和市场需求综合确定采收期,成熟不一致的品种应分期采收,采收后不能立即处理的,要采用低温保鲜措施,使之达到丰产丰收。

(2)分批采收。在一棵樱桃树上,由于花期的早晚和果实所处的部位不同,成熟期也不完全一致。一般早开的花和树冠上部、外围的果实比晚开花和树冠内膛的果实成熟要早,因此,要根据果实成熟的情况,分批分期采收。

(3)分品种采收。大樱桃中的软肉品种,因成熟和变软较快,采收期较短而集中;硬肉品种耐贮运性好,采收期和采收处理的时间可以稍长。同一品种在不同年份往往因气候的影响使采收期提前或推迟,天气干燥时,成熟期提前,采收期缩短;天气稍凉、湿润时,成熟期推迟,采收期延长。

(4)根据果实用途采收。就近销售的鲜食樱桃一般应在充分成熟、表现本品种特色时采收;外销鲜食或加工的樱桃,应在八成熟时采收;比鲜食提早,如用作酿酒,要等到充分成熟时进行采收。

（5）土壤追肥。在果实生长后期距采收期 20 d 前进行，施肥量以每生产 100 kg 大樱桃追施纯氮 1 kg、纯磷 0.5 kg、纯钾 1 kg 为宜。施肥方法是在树冠下开沟、沟深 15～20 cm。追肥后立即浇水，叶面追肥，以磷钾肥为主，可补施大樱桃生长发育所需的微量元素。

（6）樱桃不耐涝，雨后必须立即排除园内积水，提倡使用滴灌、喷灌等节水灌溉措施，尽量减少使用大水灌溉的费水灌溉方法。

（7）收获期整形。以拉枝开角为主，及时疏除树冠内和直立旺枝、密生枝和剪锯口处的萌蘖枝等，以增加树冠通风度。

### 4.5.5　五莲县樱桃生长期主要气象灾害

#### 1. 低温冻害

樱桃在早春气温回升时开花，当遇到早春寒潮、低温冻害时、气温突降，常造成雄蕊、花瓣、花萼、花梗受冻，授粉率降低，导致产量大幅下降，严重时绝产。花期受冻，轻者将雌蕊和花柱冻伤，甚至冻死；重者将雄蕊冻死，导致花蕊干枯、脱落。樱桃果农有句俗语"冻花结仨，冻果结俩"，意思是幼果受冻减产比花期受冻减产还要厉害。花期、幼果期温度越低冻害越重，树体的贮藏营养不足冻害越重，地势低洼的地块冻害越重，品种对低温的承受能力不同，"先锋""雷尼"等冻害重，"拉宾斯""俄罗斯八号"等品种较为抗冻。

#### 2. 大风

春季是五莲大风（极大风速 ≥17.2 m/s）多发季节，五莲县年平均大风日数 5.3 d，主要集中在 3—6 月，4 月出现频率最高。五莲县地形崎岖，多低山丘陵，受特殊地形影响，大风的地理分布呈现明显的地域性。一是高海拔地区的年大风日数明显高于低海拔地区，二是山地效应明显。5 级以上大风易产生折枝、落花现象，还容易吹干花蕊柱头上的黏液，降低授粉能力，影响昆虫活动，降低授粉率而减产，对樱桃花产生严重危害。果实膨大期因果梗纤细，幼果娇嫩，刚刚坐果的果柄承受能力脆弱，一旦遇到大风天气，极易被吹落。受大风危害后，容易与果实分离，从而落果，影响产量。

#### 3. 降水

樱桃花期干旱或水分过多，均会引起落花。如果空气非常干燥，湿度过低，会缩短花期，授粉受精不良，坐果率降低。低温、降雨、湿度大导致樱桃花粉丧失活力，授粉不良。同时花期低温、多雨，造成授粉昆虫活动少，授粉不良，花粉发芽慢，花粉管生长慢或花粉管停止生长，受精不良，或到达胚囊后配子失去受精能力，不能正常受精，坐果率低。同一朵花，一般开放三天，其中第一天授粉坐果率最高，下雨则影响授粉。大樱桃果实膨大期需要充沛的降水，水分充足，果实生长迅速，膨大迅速。在这个时期,大樱桃的果核由白色逐渐变为褐色,并且木质化。这一时期,对水分需求敏感,如果土壤水分不足,胚发育受阻,果核难以硬化,果实会变黄脱落,也就是俗称的"旱黄落果"。据于绍夫调查,大樱桃硬核期的末期,是旱黄落果最严重的时期,严重时会导致落果率高达50%以上,反之如果果实发育正常,减少落果,会增加产量,提高果实品质。五莲往往是春旱夏涝,所以春灌夏排是樱桃水分管理的关键。

### 4. 连阴雨

连阴雨会对处于成熟期的樱桃产生不利影响,成熟期樱桃遇到连续降雨或暴雨,土壤含水量剧增,果肉细胞吸水膨大,果实膨压增加,引起表皮胀裂,裂口极易侵染病菌,造成裂果、烂果。降雨使得成熟的樱桃难以按期采摘,且淋雨的樱桃采摘后不易储藏,容易腐烂,果实口味变淡,果实品质降低,影响效益。同时,降水过多,果园排水不畅,容易造成土壤缺氧,根系呼吸不畅,使根系生长不良,严重者造成根系死亡、根茎腐烂、树干流胶,引起死枝甚至整株死亡。

### 5. 高温

樱桃成熟期白天适宜气温 22~25 ℃,夜间 12~25 ℃,保持昼夜 10 ℃温差,有利于果实着色。气温大于 30 ℃,会缩短成熟期,使得果实提前成熟,影响品质。高温天气使得大樱桃果实发育期短、果个小、口感差降低果实品质。总的来讲,温度回升快,气温高,果实发育期较短,营养积累少,高温催熟,果实成熟早,果实较小,口感较差。成熟期遇到高温天气,果实易产生日烧及生理失水现象,果实变软,风味变差,不耐贮运,严重降低果实品质,影响市场行情,造成经济损失。采收期间如果遇到 30 ℃以上的超高温,紫外线指数高,树体蒸腾量增大,根系吸收的水分满足不了地上部的消耗,即使土壤中不缺水,叶片萎蔫,叶片争夺果实中的一部分水分,造成果实日烧及生理失水,出现果实变软,风味变差,甚至降低了效益。

# 第5章　五莲县主要蔬菜气象服务指标

## 5.1　大白菜气象服务指标

大白菜属于十字花科芸薹属,喜温和冷凉气候,大多数品种不耐高温和寒冷。大多数品种适宜的生长温度为(12～22 ℃)。大白菜耐热能力不强,当温度高于 25 ℃以上时生长不良,达 30 ℃以上时则不能适应。有一定的耐寒性,但在 10 ℃以下生长缓慢,5 ℃以下停止生长,短期－2～0 ℃虽受冻但尚能恢复,－5～－2 ℃以下则受冻。

### 5.1.1　种植期

1. 适宜气象指标

(1)适宜种植的月平均气温 15～18 ℃,最高气温 21～24 ℃,最低气温>7 ℃。

(2)土壤相对湿度 70%～80%。

2. 不利气象指标及影响程度

(1)月平均气温>25 ℃或<7 ℃,气温偏高幼苗易旺长,偏低出苗率低。

(2)土壤相对湿度>90%或<60%,湿度大,土壤黏,易板结,湿度小无法满足水分需求。

3. 建议与防范措施

(1)须选用较耐热、抗病、耐寒、高产且耐贮藏的中晚熟品种。主要优良品种有鲁白 3 号、山东 2 号、山东 5 号、丰抗 85 等。

(2)适期播种。大白菜根系较浅,吸收能力较弱,发叶速度快而生长量大,蒸腾水量多,宜肥活、疏松、保水、保肥的中性或微酸性粉砂壤土、壤土和轻黏壤土。要求良好的排、灌条件。一般在立秋后几天开始播种。

### 5.1.2　发芽幼苗期

1. 适宜气象指标

(1)适宜温度为 20～25 ℃,发芽快而健壮。

(2)发芽期要求较高的土壤湿度,土壤相对湿度一般应达到 80%～90%,以保证出苗整齐。

**2. 不利气象指标及影响程度**

(1)气温＜10 ℃,发芽期长,出苗慢;26～30 ℃发芽迅速但幼苗瘦弱,＞30 ℃生长不良。

(2)天气干旱,烈日暴晒易造成干芽死苗,出苗不齐,严重缺棵现象。

(3)土壤相对湿度＜70％,易造成出苗不齐,土壤相对湿度＞95％,水分过多影响根系往纵深发展。

**3. 建议与防范措施**

(1)发芽期根系很小,水分供应必须充足。发芽期间向幼苗期过渡,种子中的养分消耗殆尽,在"拉十字"时用1％的尿素水溶液进行叶面追肥,有良好的效果。

(2)幼苗期根系尚不发达,吸收养分和水分能力较弱,要求养分和水分供应充足。需要追施速效肥作为提苗肥。"拉十字"时要及时浇1次小水,团棵以前要勤浇小水。

### 5.1.3　莲座期

**1. 适宜气象指标**

(1)适宜温度为17～22 ℃。

(2)土壤相对湿度保持在75％～85％之间。

(3)每天日照时数8～9小时。

**2. 不利气象指标及影响程度**

(1)温度＜12 ℃,莲座叶生长缓慢,影响以后叶球生长;温度＞30 ℃,莲座叶因生长过盛而衰弱,易发生病害。

(2)日光照时数＜8 h,影响莲座叶的健壮生长。

**3. 建议与防范措施**

莲座期是大白菜生长的关键时期,此时生长速度快,根系和叶片生长旺盛,是产量形成的重要阶段,但也是病害发生的关键时期。在管理上要促叶片快速生长,尽快形成最大的叶片同化面积,促根系快速发育,控后期叶片旺长,防病害发生。

(1)及时定苗合理密植。在植株3～5片叶时及时定苗,株距35～45 cm,早熟、株型小的品种株距要小,晚熟、株型大的品种株距要大。要选留叶色和叶形与本品种相符,叶柄较短而宽,有明显叶翅的幼苗,去除弱苗和杂苗。发生缺苗应及时补苗,且越早越好,补苗宜在傍晚进行,栽后及时浇水。

(2)中耕除草。在未封垄前仍要中耕除草,但应在晴天叶片较软时进行,以免损伤叶片。要掌握"深锄沟,浅锄背"的原则,垄背深度不超过4 cm,垄沟深度可达8～10 cm,在封垄后不再中耕。

(3)肥水管理。莲座初期应追施"发棵"肥,每亩施尿素8～10 kg,方法是在垄的一侧开10 cm沟,施肥封沟浇水,开沟时注意尽量少伤根。中午温度偏高时要顺沟浇小水来降低地温促进生长,以预防病毒病的发生。结束蹲苗以后,一般间隔5～7 d

浇水一次,水量要均匀,防止大水漫灌。

(4)防治病虫害。莲座期病害以霜霉病、软腐病为主。

### 5.1.4　结球期

1. 适宜气象指标

(1)结球前期以 17~19 ℃为宜,中期以 13~14 ℃为宜,后期以 9~10 ℃为宜。

(2)昼夜温差>10 ℃为宜。

(3)土壤相对湿度以 85%~90%为宜。

2. 不利气象指标及影响程度

(1)日均气温>27 ℃,心叶抱合不良;<10 ℃生长缓慢,<5 ℃停止生长,短时间 0 ℃~−2 ℃受冻尚可恢复;温度再低,受冻时间长则不能恢复。

(2)缺水会造成大量减产,浇水量过大会造成软腐病和其他病害。

3. 建议与防范措施

(1)施肥。在结球中期,每亩施硫酸铵 15~20 kg,可随水冲施,称"灌心肥"。

(2)浇水。大白菜在进入结球期后,需水最多,因此,刚结束蹲苗就要浇一次透水。然后隔 2~3 d 再接着浇第二次水。第二次浇水很重要,这时如土壤干裂,会使侧根断裂,细根枯死,影响结球。以后,一般 5~6 d 浇一次水,使土壤保持湿润。

(3)捆扎。大白菜生长后期,随着气温逐日下降,天气变化大,为防霜冻,要及时捆扎。一般在收获前 10~15 d,停止浇水,将莲座叶扶起,抱住叶球,然后用浸透的甘薯秧或谷草将叶捆住,使包心更紧实并继续生长。

(4)收获。小雪前 2~3 d,应及时收获,并在田间晾晒,待外叶萎蔫,即可贮藏(图 5.1)。

图 5.1　五莲县结球期白菜

#### 5.1.5　五莲县大白菜生长期主要气象灾害

1. 低温冻害

气温是影响大白菜产量的一个很重要的气象因素。苗期的高温和结球期的温度偏低,均对大白菜生长不利。气温达到-5 ℃时的冻害严重降低白菜产量和品质,给生产带来极其严重的危害。五莲县 11 月出现低温冻害概率较大,一旦大白菜受到冻害可能会出现叶子发黄现象,使大白菜产量下降。

2. 干旱

由于五莲县年际降水时空分布不均,所以干旱频繁发生,一旦发生在大白菜生长需水关键期,就会造成严重危害。五莲县秋季降水稀少,若在大白菜播种后出现干旱则会使得土壤缺水而导致种子无法正常发芽出苗;干旱还会导致大白菜生长滞缓,引发病虫害,影响大白菜正常光合作用,使大白菜减产。此外,干旱天气使大白菜鲜嫩组织丧失,粗纤维增多,影响品质。

3. 大暴雨、连阴雨天气

发芽期正值五莲县主汛期,若遇大暴雨会把正在发芽出土的种子或虽已出土但尚未扎稳根的幼苗冲出土外,影响出苗率和幼苗健壮生长。幼苗受涝,延缓生长速度。连阴雨天气导致低温寡照,在莲座期和结球期对大白菜生长影响最为显著,并易引发霜霉病。

## 5.2　萝卜气象服务指标

萝卜又名莱菔,莱菔,属十字花科萝卜属,一、二年生蔬菜。萝卜喜凉爽气候,怕酷热、耐寒性稍差。

### 5.2.1　播种发芽期

由种子开始萌动、发芽到第一对真叶展开以前,一般需要 5~7 d。

1. 适宜气象指标

(1)萝卜种子发芽的适宜温度为 20~25 ℃。

(2)发芽期要求保持地表湿润,应小水勤浇。土壤相对湿度以 80% 为宜。

2. 不利气象指标及影响程度

(1)温度<15 ℃或>30 ℃。

(2)土壤相对湿度<60%。

3. 建议与防范措施

(1)播种方式有点播和撒播,可根据品种类型合理选择。大果型品种应点播,株距为 20 cm,行距为 35 cm,播种穴要浅,播后用细土盖种;小果型品种可撒播,间苗后保持 6~12 cm 的株距。

(2)播种后浇足水,大部分种子出苗后要再浇 1 次水,以利全苗。

(3)播种后可用稻草覆盖畦面,以防晒降暑,防暴雨冲刷,减少肥水流失,也可用遮阳网覆盖畦面,利于出全苗,齐苗后要及时揭除,以免压苗或造成幼苗细弱。

## 5.2.2　幼苗期

从第一片真叶出现到萝卜破肚为幼苗期。此阶段,大型萝卜需 20 d 左右,小型萝卜需要 5~10 d。

1. 适宜气象指标

(1)该期萝卜能适应的温度范围较广,能耐 25 ℃以上高温,也能耐−3~−2 ℃低温。

(2)为防止幼苗徒长,促进根系向土壤深层发展,要求土壤湿度较低,土壤相对湿度以 60% 为宜。

2. 不利气象指标及影响程度

土壤相对湿度<40% 或>80%,湿度太小容易使幼苗生长发育不良,湿度太大造成幼苗徒长。

3. 建议与防范措施

(1)幼苗出土后生长迅速,在幼苗长出 1~2 片叶和 3~4 片叶时分别间苗 1 次,幼苗长至 5~6 叶期定苗。

(2)定植后,幼苗很快进入叶子生长盛期,要适量浇水。

(3)出苗后至定苗前酌情追施护苗肥,幼苗长出 2 片真叶时追施少量肥料,第二次间苗后结合中耕除草追肥 1 次。

## 5.2.3　叶生长盛期

由“破肚”到“露肩”为叶生长盛期,一般需要 20~30 d,又称莲座期或肉质根生长前期。

1. 适宜气象指标

(1)茎叶生长的适宜温度为 15~20 ℃,萝卜茎叶生长的上限温度为 25 ℃。

(2)此时期叶片生长旺盛,需水较多,但后期要适当控制浇水,防止叶片徒长,影响肉质根生长。

2. 不利气象指标及影响程度

气温<10 ℃或>30 ℃,导致叶片生长缓慢。

3. 建议与防范措施

(1)叶片生长旺盛期,叶面积不断扩大,蒸腾作用加强,肉质根也开始膨大,需水量多,不能受旱。

(2)叶片生长旺盛期,以氮肥为主,亩追施尿素 10 kg 或三元复合肥 15 kg。

### 5.2.4　肉质根生长盛期

从"露肩"到收获为肉质根生长盛期。一般大中型萝卜需要 40～45 d,小型萝卜需要 15～20 d(图 5.2)。

1. 适宜气象指标

(1)夏秋萝卜肉质根生长适宜温度范围为 9～23 ℃。

(2)需要充分均匀的供水。适于肉质根生长的土壤相对湿度 65％～80％,适宜空气相对湿度 80％～90％。

(3)萝卜是长日照作物,适宜日均日照时数大于 8 小时。

2. 不利气象指标及影响程度

(1)温度降到 6 ℃以下时,植株生长微弱,肉质根膨大逐渐停止。温度低于－2 ℃时,肉质根就要受冻,长期在 6 ℃以下,易通过春化阶段,造成先期抽薹。温度高于 25 ℃,呼吸作用消耗增多,植株生长衰弱,形成的肉质根纤维多,品质劣。

(2)土壤相对湿度＜50％或＞90％。如果土壤水分不足,空气湿度过低,则肉质根膨大受阻,表皮粗糙,品质下降;若土壤水分过多,则通气不良,不利于根系生长与吸收,肉质根皮孔加大,表皮粗糙。

(3)日均日照时数＜6 h,不利于根系生长。

3. 建议与防范措施

(1)肉质根膨大盛期,此时需水量最大,应充足灌水,土壤有效含水量宜在70％～80％,否则易出现苦味和辣味。

(2)肉质根生长旺盛期,应增施磷钾肥,亩施复混肥 30 kg。收获前 20 d 禁止使用氮素化肥。

图 5.2　五莲县肉质根生长盛期萝卜

### 5.2.5　五莲县萝卜生长期主要气象灾害

#### 1. 高温

在萝卜播种之后,如果此时出现空气温度大于 30 ℃的天气,此时地表温度会高于 40 ℃。在这种情况下就会出现种子腐烂,严重影响种子正常萌发。即使能够萌发,在后续生长过程中也容易出现幼苗腐烂的情况。通过对近几年的气象资料分析可以发现,五莲县近 30 年来 8 月最高气温超过 30 ℃日数平均为 14.9 d。这种多发性的高温天气一直持续到 9 月气温才会逐渐下降,出现高温天气的频率明显降低。分析发现,晚熟品种受到高温影响较小,造成的伤害也较小。

#### 2. 冻害

低温天气同样会对萝卜的正常生长造成影响,在生长后期,冻害一般会在 11 月中旬到 12 月上旬出现,对萝卜发育造成的影响也相对较大。此时,露地萝卜还处于肉质根生长阶段,如此时突然出现强冷空气入侵,发生大风、大雪、强降温、降霜天气,气温急剧下降,最低气温降至 0 ℃左右,部分萝卜品种承受不了突然高强度降温的影响,肉质根就会受冻,引起冻害。如遇−3 ℃的低温,即使受冻的肉质根在天气转暖后也能够复原,但食之已有异味,品质变劣,失去食用价值,损失严重。

#### 3. 大风

大风天气对萝卜种植造成的主要影响是会出现较为严重的幼苗倒伏现象。五莲县 8—9 月发生大风天气概率较高,对萝卜生长不利。

#### 4. 冰雹

冰雹也是易发生的一种灾害性天气,冰雹的危害程度取决于雹粒的大小、持续的时间和密度,以及发生的时期。冰雹危害严重时,会将萝卜叶片打落,没有了叶子,只剩下光秃秃的菜头,肉质根也会被冰雹砸伤、打穿,甚至砸烂,从而造成减产甚至绝收等毁灭性危害。

#### 5. 洪涝

由于水涝后土壤内长期排水不良,或阴雨而使土壤水分过多持续处于饱和状态出现洪涝,使土壤孔隙长时间缺氧,影响矿物质营养的供应,增大土壤溶液的酸度,致使萝卜根系呼吸困难,对肥水的吸收受阻,损害根系,影响根部生长。如发生在萝卜苗期与肉质根生长盛期,造成地上部植株叶片生长速度减缓、叶片颜色变黄、肉质根皮孔加大,影响外观品质,产量下降。

#### 6. 干旱

五莲县夏秋季节常遇上异常高温干旱,萝卜植株正常生长发育受到影响。萝卜发芽期、幼苗期遇到久旱无雨,会造成幼苗发生干芽及出苗不整齐,特别是整地不平、浇水不足的地块发生严重,容易引起病虫害的发生,尤其是蚜虫的发生,温度越高病害越严重,致使产量低而不稳。在高温干旱条件下,尤其是晚上温度高时,会生长停滞,消耗大量营养物质,导致空心。

# 5.3 设施黄瓜气象服务指标

黄瓜在五莲始终是人们喜食的一种大众化蔬菜,不分男女老少,都把黄瓜作为一种主要食用蔬菜。为此,黄瓜也是日光温室中栽培最普遍的蔬菜,其栽培面积约占温室总面积的70%以上,每年1月温室里的黄瓜就开始上市,一直产到6月左右,对调节冬春淡季的蔬菜花色品种,特别是春季市场的供应起到了极其重要的作用。日光温室的黄瓜生长期长、产量高,一般亩产0.6万 kg 左右,产值在万元左右,纯效益也在6000~7000元。黄瓜属喜温作物。

## 5.3.1 播种至出苗期

从种子萌动到子叶展平为发芽期,约需5~6 d。

1. 适宜气象指标

(1)白天适宜温度较高,为25~32 ℃,夜间适宜温度15~18 ℃。子叶出土后,适宜温度降低,白天24~26 ℃,夜间15~16 ℃。

(2)土壤相对湿度以60%~70%为宜。

2. 不利气象指标及影响程度

(1)>35 ℃发芽率反而下降,<12 ℃则不能发芽。

(2)地温<10 ℃,出苗不齐。

3. 建议与防范措施

(1)土壤水分不足,出苗不齐;水分过大、地温低,主根不深扎,沤根和染病。

(2)覆土深,拱土无力,苗不齐、瘦弱不发;覆土浅,戴帽出土,瘦弱不变。

(3)湿度大、温度高、光照不足,易形成徒长苗。此期应给适当的温、湿度和充分的光照,同时播种时应注意覆土的厚度,以利出苗、成活和防止徒长。

## 5.3.2 幼苗期

从真叶出现至4叶1心为幼苗期,约需25~30 d。

1. 适宜气象指标

(1)白天温度为20~28 ℃,夜间13~20 ℃。

(2)出苗10天后,日照控制在8~10小时,夜温保持在13~17 ℃,白天保持在20~25 ℃,以利黄瓜雌花形成。

(3)适宜土壤相对湿度80%~90%。

2. 不利气象指标及影响程度

(1)气温<12 ℃生理活动失调,生长缓慢,<5 ℃停止生长,0 ℃就会受冻,但通过低温锻炼的苗可忍耐短时间的−0.5~−1.0 ℃的低温。

(2)地温<12 ℃,根部生理活动受阻,茎叶停止生长,下部叶片变黄。

(3)在苗期遇到连续的阴雨天。

3. 建议与防范措施

(1)在移苗前一周,日温在 20 ℃,夜温 13～17 ℃,以利秧苗锻炼。

(2)选择酸碱性合适、土壤深厚、排水透气性好、富含有机质的平坦土地栽植,株间距在 20 cm 以上。

(3)定植前准备:移栽前一周左右,整土做畦,结合整地施入基肥,施肥量根据黄瓜的营养确定。

(4)本期有大量花芽分化,生殖生长开始,但仍以营养生长为主。管理重点是促进根系发育,促进花芽分化和叶面积扩大。其生育标准诊断是:叶重和茎重比值要大,地上部重和地下部重比值要小。

### 5.3.3　开花结果期

1. 适宜气象指标

(1)白天气温 25～30 ℃,夜间 18～22 ℃。

(2)土壤相对湿度 70%～80%。

(3)最适地温 25 ℃左右。

2. 不利气象指标及影响程度

(1)在温度达 35 ℃时,光合产量与呼吸消耗处于平衡状态;>35 ℃,呼吸消耗高于光合产量;>40 ℃,光合作用急剧减弱,代谢机能受阻,生长停止;45 ℃持续 3 h,叶色变淡,雄花不开,易落蕾或出现畸形瓜;50 ℃以上 1 h 茎叶会发生坏死现象。

(2)在产瓜盛期遇到阴雨(雪)天,光照强度降到自然光照的 1/4 时,植株会生长不良,光合产量下降,极大影响产量。

3. 建议与防范措施

(1)既要促使根系增强,又要扩大叶面积,确保花芽的数量和质量。其生育诊断标准是:叶重/茎重相对要大,但必须适度,叶不能过于繁茂。

(2)从第一瓜条坐果到拉秧(植株死亡)为结瓜期。本期历时时间最长,在日光温室中冬茬黄瓜一般从元旦上市至 6 月底结束,约 180 d 左右。此期要经过连续不断地长枝长蔓,开花结果,不断采收。

(3)采收的时间长短是产量高低的关键,因而要延长结果期。管理要点是:科学施肥、合理浇水、采光储热、防寒保温、生态控制、综防病虫。

### 5.3.4　五莲县设施黄瓜生长期主要气象灾害

1. 低温

低温冻害发生频繁,以 1—3 月发生频率最高。低温是制约温室大棚设施黄瓜生产的首要因素,持续低温和极端低温是低温灾害的两个主要表现形式。气温太低会导致黄瓜出现冷害和冻害,地温太低导致出现寒根、沤根。

2. 连阴雨、雪

主要发生在 2—4 月。持续的阴雨雪天气,导致黄瓜温室大棚内光照不足,气温低、湿度大,植株易发生病害,影响温室大棚黄瓜产量和品质。特别是在冬季育苗期间,长时间的连阴雨会导致幼苗生长缓慢,有时甚至会毁掉苗。

3. 大风

瞬时大风达到 6 级,容易导致温室大棚设施黄瓜种植发生灾害。大风的直接危害是刮破温室大棚棚膜,降低或破坏温室大棚的保温性能,严重时会造成温室大棚棚架扭曲变形、倒伏受损。另外,大风会导致温室大棚中黄瓜受强风、低温危害,对生产影响极大。

4. 大雪

温室大棚和塑料薄膜可以支撑一定的负载,但如果大雪发生时温室大棚顶部积雪不能及时清除,温室大棚和薄膜超过负载会导致温室大棚垮塌、棚内黄瓜受冻。

5. 高温

在温室大棚设施黄瓜生长的 3—4 月,遇晴好天气、温室大棚双层膜高气温分别比棚外最高气温高 20 ℃、24 ℃左右,棚内温度日较差在晴好天气下高达 30～35 ℃。温室大棚设施黄瓜要做好晴好天气下的揭膜通风,避免温室大棚中黄瓜受高温危害。

## 5.4　设施番茄气象服务指标

番茄别名"西红柿""洋柿子""古名""六月柿""喜报三元"。在秘鲁和墨西哥,最初称之为"狼桃"。其果实营养丰富,具特殊风味,可以生食、煮食、加工制成番茄酱、汁或整果罐藏。番茄是全世界栽培最为普遍的果菜之一。美国、俄罗斯、意大利和中国为主要生产国。在欧美国家、中国和日本有大面积温室、塑料大棚及其他保护地设施栽培。中国各地普遍种植,栽培面积仍在继续扩大。

### 5.4.1　播种发芽期

1. 适宜气象指标

(1)种子发芽期适宜温度为白天 28～30 ℃,夜间维持在 15 ℃以上,最低发芽温度为 12 ℃左右。

(2)土壤相对湿度 60%～70%为宜。

2. 不利气象指标及影响程度

(1)气温>35 ℃或<12 ℃对发芽不利。

(2)地温<10 ℃出苗不齐。

3. 建议与防范措施

(1)播种前用水浇透床土,待水渗下后播种,先撒 2/3 药土,然后将种子均匀撒播在苗床上,并用 1/3 药土覆盖,盖上地膜增温保湿。

(2)出苗前,棚内保持昼温 25 ℃以上,夜温 18 ℃以上,4～6 d 即可出苗。

### 5.4.2　幼苗期

1. 适宜气象指标

(1)白天适宜温度 20～25 ℃,夜间为 10～15 ℃。

(2)土壤相对湿度 60%～70% 为宜。

2. 不利气象指标及影响程度

棚内气温>35 ℃,要适当降温。

3. 建议与防范措施

(1)出苗后,及时揭开地膜,加盖小棚,维持白天 20～25 ℃,夜间 10～15 ℃,超过 28 ℃时要及时通气降温,防止小苗徒长。

(2)及时发现、识别和拔除假杂种苗和机械混杂苗。出现 2～3 片真叶时 1 次移苗进钵。营养钵直径 8～10 cm 较好,预先填充营养土。

(3)在小棚内维持白天 20～25 ℃,夜间 10～15 ℃,保持苗床湿润和肥力充足。若发现有徒长趋势。除及时通气降温以外,可喷洒多效唑溶液进行控制。

(4)为了培养壮苗,定植前要适当降低温度和控制湿度,提高种苗的抗逆能力(图 5.3)。

图 5.3　幼苗期番茄

### 5.4.3　移栽生长期

1. 适宜气象指标

(1)白天棚内温度维持在 30 ℃,夜间维持在 15～17 ℃。

(2)相对湿度在 60%～70% 之间。

**2. 不利气象指标及影响程度**

温度低于 10 ℃停止生长。

**3. 建议与防范措施**

(1)定植前一周通过降低夜温和控制水分对幼苗进行锻炼。

(2)分苗时浇一次透水,到缓苗后再浇水。当幼苗长有 8～9 片真叶、株高 25～28 cm、现大蕾时即可定植。

(3)定植后要密封温室提高气温和土温促进缓苗,缓苗前保持 20～30 ℃,缓苗后白天控制在 20～25 ℃,夜间 15 ℃左右,主要通过揭去草苫、通风等措施来实现所要求的温度。

### 5.4.4　开花期

**1. 适宜气象指标**

(1)白天适宜温度为 25～28 ℃,夜间为 15～20 ℃。

(2)土壤相对湿度 70%～80%为宜。

**2. 不利气象指标及影响程度**

(1)当白天遇到 15 ℃以下低温时,开花授粉及花粉管伸长都会受到抑制。

(2)开花前 5～9 d 温度高于 35 ℃,开花当天至开花后 2～3 d 白天温度高于 33 ℃,花粉管伸长会收到抑制,花粉发芽困难,不利于花器的正常发育及开花,易引起落花。

**3. 建议与防范措施**

(1)从定植后到第 1 穗果始花并坐果。这一阶段的管理重点是提高地温,促进缓苗,适当控制营养生长,调节营养生长与生殖生长间的关系,使营养生长及时转入生殖生长。

(2)如果遇天旱,土壤墒情不好,午间植株有萎蔫时,可在第 1 花序开前或开后浇水,但切勿在开花期浇水,以免造成落花落果。

(3)开花坐果前要注意严格掌握控水。否则会造成茎叶生长过旺,引起落花。

### 5.4.5　结果期

**1. 适宜气象指标**

(1)白天适宜温度为 20～25 ℃,夜间适宜温度 10～20 ℃。番茄光合作用最适宜温度为 20～28 ℃。

(2)土壤相对湿度 70%～80%为宜。

**2. 不利气象指标及影响程度**

(1)当花芽分化期间夜间温度低于 7 ℃易出现畸花。

(2)温度在 20 ℃左右有利于番茄红素形成,高于 35 ℃番茄红素无法形成。高于 35 ℃或低于 15 ℃导致番茄开花、授粉受精不良,也不利于着色。

(3)果实成熟时,若土壤水分过多和干湿变化剧烈,易引起裂果,降低商品价值。番茄成熟期要求空气干燥,相对湿度宜保持在 45%～55%(图 5.4)。

3. 建议与防范措施

(1)当主茎上第 1 序果实长到乒乓球大小,侧枝上第 1 序果实长到蚕豆大时,开始浇水,以后应根据天气情况,每隔 10 d 左右浇 1 次水。千万不要在果实转红以后就停止浇水,会使果实提前成熟,引起秧果早衰,后期果小或出现空洞等。

(2)当出现外界气温达 15 ℃以上的多云或晴朗天气时,在上午太阳开始照射到大棚后,根据棚内实际气温变化情况开始两端通风,如果仍然达不到降温要求,应揭膜通风,加盖遮阳网。

(3)采取一切措施保温,采用高温管理,促进番茄膨果,白天的温度尽可能在 25 ℃以上,晚上的温度保持在 10 ℃左右。

(4)如果番茄秧长势弱,会出现新尖变细、植株茎内容易变空,严重的甚至会导致空洞果,属典型的营养供应不足所致。预防空秧空果可以每亩喷施汽巴二氢钾 100g ＋碧欧 30ml＋白糖 200g,每亩喷施 4 桶水。

图 5.4　成熟期番茄

## 5.4.6　五莲县设施番茄生长期主要气象灾害

1. 暴雨

番茄不耐涝,如果遭遇水淹,植株呼吸作用会受到抑制,青枯病蔓延速度加快,使植株枯萎,严重的会造成绝收。大棚番茄的暴雨危害一般出现在秋季和春季,出现短时强降水,使地表径流大幅增加,当水流超过原有排水渠道过水能力时,水流溢到大棚番茄地块内,造成积水,危害番茄生长。

2. 高温

大棚番茄的高温危害一般出现在春季。冬季过后,大棚外界气温总体上仍然较低,但是在日照较好的天气,外界气温上升到 15 ℃ 以上时,若管理不善,未及时通风的大棚内就很容易出现 35 ℃ 以上的高温。高温胁迫使叶片的超微结构发生变化,植株缺水,营养不能正常输送,光合作用受到抑制,形成热害。

3. 低温寒潮

每年 1—2 月是五莲县最冷的月,经常有寒潮天气,对设施番茄生产会造成很大危害。

4. 连阴天

长达 1 周甚至更久的连阴天气,日照不足,气温和地温下降,光合作用不能正常进行,使番茄植株处于营养不良状态。

5. 大风

冬、春季的大风可能揭开草苫和薄膜,吹入温室内造成冷害甚至冻害。

# 第 6 章　五莲县主要作物精细化区划

## 6.1　研究概述

### 6.1.1　五莲县自然概况

　　五莲县属温带季风气候,一年四季周期性变化明显,冬无严寒,夏无酷暑,雨量充沛,季节性降水明显,日照充足,热能丰富。年平均气温 13.2 ℃,历年平均雨量747.0 mm,6 至 9 月为雨季,年平均日照时数 2393.5 h,年蒸发总量平均为 1649.0 mm。

　　五莲县主要种植农作物小麦、花生、玉米等。本区划针对种植作物进行气象、地形、土壤种植的适宜性分析。五莲县行政区划见图 6.1。

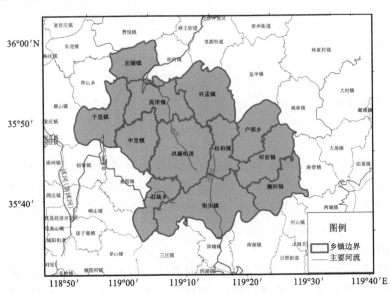

图 6.1　五莲县行政区划图

### 6.1.2　资料来源与方法

　　**1. 资料来源**

　　温度(平均温度、积温)、降水量、日照等气象要素,资料全部来源于五莲县气象局。地形资料数据为坡度、海拔高度和坡向,数据均来源于山东省气象局。土壤资料数据为山东省土壤类型、土壤质地和土壤腐殖质层厚度,数据均来源于山东省气象局。综合区划所用的河流矢量数据来自中国国家数据中心。

2. 区划方法

(1)气象因子的统计插值法——Kriging 插值法

Kriging 插值法是以变异函数理论和结构分析为基础,在有限区域内对区域化变量进行无偏差最优估计的一种方法。通过对已知样本点赋权重来求得未知样点值,其表达式为:

$$Z(x_0) = \sum_{i=1}^{n} \lambda_i Z(x_i) \tag{6.1}$$

式中:$Z(x_0)$ 为未知样点值;$Z(x_i)$ 为未知样点周围的已知样点值;$\lambda_i$ 为第 $i$ 个已知样本点对未知样点的权重;$n$ 为已知样点的个数。

采用 Kriging 插值法可以由五莲县各乡镇的气象观测资料获取,五莲县分辨率定为 100 m×100 m 的栅格图。

(2)因子标准化

在区划过程中,由于所选因子的量纲不同,所以,需要将因子进行标准化。本区划根据具体情况,采用极大值标准化和极差标准化方法。表示式为

极大值标准化:

$$X'_{ij} = \frac{|X_{ij} - X_{\min}|}{X_{\max} - X_{\min}} \tag{6.2}$$

极小值标准化:

$$X'_{ij} = \frac{|X_{\max} - X_{ij}|}{X_{\max} - X_{\min}} \tag{6.3}$$

式中:$X_{ij}$ 为第 $i$ 个因子的第 $j$ 项指标;$X'_{ij}$ 为去量纲后的第 $i$ 个因子的第 $j$ 项指标;$X_{\min}$、$X_{\max}$ 为该指标的最小值和最大值。公式(6.2)和公式(6.3),根据区划中因子与作物种植的适宜程度的关系而选择。如果因子与作物种植的适宜程度成正比,选用公式(6.2),反之,选用公式(6.3)。

(3)加权综合评价法

加权综合评价法综合考虑了各个因子对总体对象的影响程度,是把各个具体的指标综合起来,集成为一个数值化指标,用以对评价对象进行评价对比。因此,这种方法特别适用于对技术、策略或方案,进行综合分析评价和优选,是目前最为常用的计算方法之一。用公式表达为:

$$C_{vj} = \sum_{i=1}^{m} Q_{vij} W_{ci} \tag{6.4}$$

式中:$C_{vj}$ 评价因子的总值;$Q_{vij}$ 是对于因子 $j$ 的指标 $i$($Q_i \geqslant 0$);$W_{ci}$ 是指标 $i$ 的权重值

$(0 \leqslant W_{ai} \leqslant 1)$；$m$ 是评价指标个数。

（4）层次分析法

层次分析法（Analytic Hierarchy Process，简称 AHP）是对一些较为复杂、较为模糊的问题做出决策的简易方法，特别适用于那些难于完全定量分析的问题。它是美国运筹学家、匹兹堡大学 Saaty 教授于 20 世纪 70 年代初提出的一种简便、灵活而又实用的多准则决策方法。层次分析法是一种定性与定量相结合的决策分析方法。决策法通过将复杂问题分解为若干层次和若干因素，在各因素之间进行简单的比较和计算，便可以得出不同方案重要性程度的权重，为最佳方案的选择提供依据。其特点是：①思路简单明了，它将决策者的思维过程条理化、数量化，便于计算；②所需要的定量化数据较少，但对问题的本质，问题所涉及的因素及其内在关系分析比较透彻、清楚。区划路线如图 6.2。

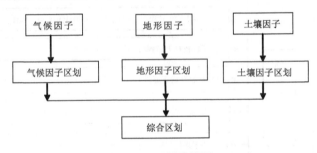

图 6.2　区划路线图

# 6.2　五莲县小麦农业气候区划

小麦是五莲县的主要粮食作物之一，收成好坏，在全县粮食生产中具有举足轻重的地位。小麦的生育期包括播种期、返青期、拔节期、抽穗期和成熟期。播种期一般在 9 月底至 11 月，收获期在 6 月初，一般全生育期在 180～240 d。同一品种，不同时间播种，收获期相差不大，因而生长期相差很大，播种越早，生长期越长。

## 6.2.1　区划因子的选择与权重确定

在影响小麦形成壮苗的诸因素中，温度是最主要的因素。因此，播种期早晚是能否形成壮苗的关键，必须适期播种。若播期过早，麦苗易涉长，冬前群体发展难以控制；土壤养分早期消耗过度，易形成先旺后弱的"老弱苗"，易受病虫害、冻害等。日平均气温下降到 0 ℃进入越冬期，冬前大于 0 ℃，积温 600～650 ℃·d，能满足小麦形成壮苗的要求，冬前积温相对较高，有利于提高冬小麦的冬前壮苗叶龄指数，使其安全越冬。冬季负积温影响小麦的春化作用；2 月下旬各地小麦开始返青，期间日平均温度稳定通过 3 ℃日期主要影响冬小麦返青的早晚。小麦在苗期和拔节前期耗水量较少，拔节后至抽穗前耗水量最多，其中挑旗期对水分反应最敏感，称为需水"临界期";其次为开花至灌浆,有人称之为"第二临界期";成熟阶段的耗水量又有所降低。因此,尽量大地满足小麦需水临界期的水分供应,对小麦丰收是十分重要的。此外灌浆期干热风影响小麦灌浆。小麦要求土壤有机质丰富、结构良好,养分充足、保水力强、通气性良好的土层是小麦适宜生长的土壤。冬小麦的生育期包括播种期、返青期、拔节期、抽穗期和成熟期。

　　根据小麦生育期各阶段所需气象条件不同,选择了最可能影响小麦生长的 7 个气象要素作为小麦种植区的影响因子,并根据小麦对不同地形和土壤因子的适应性及影响程度不同,采用层次分析法(AHP)赋予不同权重,具体因子的选取及权重分配见图 6.3。

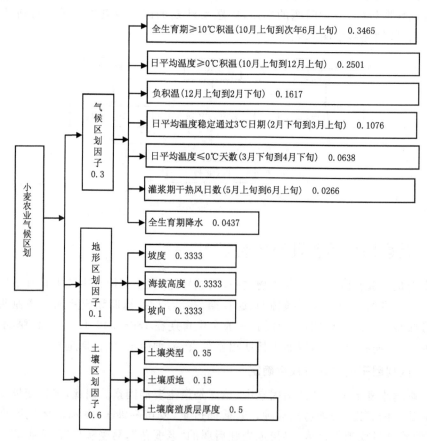

图 6.3　五莲县小麦农业区划因子及权重分配

## 6.2.2　五莲县小麦农业气候区划因子的空间分布

　　1. 小麦全生育期(10 月上旬到次年 6 月上旬)≥10 ℃积温空间分布

　　在影响小麦形成壮苗的诸因素中,温度是最主要的因素。全生育期≥10 ℃积温是小麦生长发育和产量形成的关键热量因子,因此在计算时将此因子进行极大值标准化。

五莲县小麦全生育期≥10 ℃积温分布特征基本表现为东南高西北低的分布特点。全县最高值为 1910.9 ℃·d,潮河镇、叩官镇等温度较高;西部地区逐渐减少,汪湖镇、高泽镇、于里镇、中至镇、许孟镇和洪凝街道属于相对低值区,最低值为 1842.0 ℃·d。全县小麦全生育期≥10 ℃积温相差 68.8 ℃·d,其平均值为 1864.9 ℃·d,温差较小。

2. 小麦出苗—停长期(10 月上旬到 12 月上旬)≥0 ℃积温空间分布

据研究,冬前≥0 ℃积温直接影响小麦的冬前壮苗叶龄指标和安全越冬,对小麦产量的提高具有十分重要的作用。出苗—停长期≥0 ℃积温越大,越有利于小麦的生长,因此本研究在计算时将此因子进行极大值标准化。

五莲县小麦冬前≥0 ℃积温总体来看呈现东南部高于西北部、南部高于北部的趋势,全县小麦冬前≥0 ℃积温范围在 762.7～803.1 ℃·d,平均值为 778.0 ℃·d,最高值和最低值相差 40.4 ℃·d,温差较小。潮河镇、叩官镇属于相对高值区,汪湖镇、高泽镇、于里镇、中至镇、许孟镇和洪凝街道为相对低值区。

3. 小麦停长—返青期(12 月上旬到次年 2 月下旬)负积温空间分布

日平均气温下降到 0 ℃进入越冬期,冬前大于 0 ℃,积温 600～650 ℃·d,能满足小麦形成壮苗的要求,冬前积温相对较高,有利于提高冬小麦的冬前壮苗叶龄指数,使其安全越冬。停长—返青期负积温越小,越有利于小麦的生长,因此本研究在计算时将此因子进行极小值标准化。

五莲县小麦 12 月到次年 2 月负积温分布区域性明显,整体呈现由东南向西北逐渐递减的趋势,负积温范围在 −113.6～−76.7 ℃·d,相差 36.9 ℃·d,其平均值为 −100.3 ℃·d。主要体现受纬度、距海距离影响的特点。潮河镇、叩官镇、户部乡和街头镇等处于相对高值区;汪湖镇、高泽镇、于里镇、中至镇、许孟镇和洪凝街道为相对低值区。

4. 小麦返青期(2 月下旬到 3 月上旬)日平均温度稳定通过 3 ℃日期空间分布

五莲县 2 月下旬到 3 月上旬日平均温度稳定通过 3 ℃日期主要影响小麦返青的早晚。返青期日平均温度稳定通过 3 ℃日期越早,越有利于小麦的生长,因此本研究在计算时将此因子进行极小值标准化。

五莲县 2 月下旬到 3 月上旬,日平均温度稳定通过 3 ℃日期出现时间自东南向西北逐渐延迟。五莲县日平均温度稳定通过 3 ℃日期最早出现在 2 月 25 日,最晚 2 月 27 日,全县相差在 2 d 左右。汪湖镇、高泽镇等地为出现时间最晚的地区;潮河镇、叩官镇、街头镇稳定通过 3 ℃日期较早。

5. 小麦拔节—抽穗期(3 月下旬到 4 月下旬日)平均温度≤0 ℃天数空间分布

日平均温度≤0 ℃天数(3 月中旬到 4 月下旬)是春季小麦受低温冷害影响的关

键指标。拔节—抽穗期≤0 ℃天数越小,越有利于小麦的生长,因此在计算时将此因子进行极小值标准化。

五莲县 3 月下旬到 4 月下旬≤0 ℃天数中部地区最多,向西北和东南两侧逐渐减少,东南部地区最少,天数最多的地区为 0.954 d,最低为 0.407 d,相差 0.547 d,平均值为 0.775 d,全县相差日数很小。洪凝街道、高泽镇日数较多;潮河镇、叩官镇等日数较少。

6. 小麦灌浆期(5 月上旬到 6 月上旬)干热风日数空间分布

干热风是影响五莲县小麦生长及产量形成的重要农业气象灾害,将影响小麦的灌浆。干热风日数越小,越有利于小麦的生长,因此在计算时将此因子进行极小值标准化。

五莲县小麦灌浆期干热风出现的总日数呈现由西北向东南递减的趋势,其中西北部区域最多,最高值为 8.0 d,主要包括汪湖镇、于里镇、高泽镇、中至镇等;东南部地区出现日数较少,最低值为 4.1 d,分布范围为潮河镇、叩官镇、户部乡等乡镇。五莲县小麦灌浆期干热风出现的日数范围在 4.1~8.0 d,相差 3.9 d,平均出现日数为6.8 d。

7. 小麦全生育期(10 月上旬到次年 6 月中旬)降水量空间分布

小麦除播种时要求足墒下种外,在苗期和拔节前期耗水量较少,拔节后至抽穗前耗水量最多,其中起身期对水分反应最敏感,称为需水"临界期";其次为开花至灌浆,有人称之为"第二临界期";成熟阶段的耗水量又有所降低。因此,尽量满足小麦需水临界期的水分供应,对夺取小麦丰收是十分重要的。全生育期降水量越大,越有利于小麦的生长,因此在计算时将此因子进行极大值标准化。

五莲县小麦全生育期降水量自五莲县西北部向东南部逐渐增加,其中潮河镇、街头镇、叩官镇全生育期降水量较多,最大降水量为 258.6 mm;汪湖镇、于里镇、高泽镇、中至镇和许孟镇较低,全县小麦全生育期最低降水量为 239.5 mm,高低值相差约 19.2 mm,平均降水量为 250.8 mm。

### 6.2.3　五莲县小麦气候因子区划

将影响小麦生长发育的关键气候因子进行累加,其表达式为:

$$Y_{气候} = \sum_{i=1}^{7} \lambda_i X_i \quad i=1\sim7 \tag{6.5}$$

式中:$Y_{气候}$表示小麦气候因子的种植适宜程度;$X_i$ 为气候因子;$\lambda_i$ 为权重。

五莲县小麦气候因子区划(图 6.4)显示,五莲县小麦种植气候适宜性总体呈现由东南向西北递减的趋势。石场乡、街头镇、潮河镇、叩官镇、户部乡为小麦气候因子适宜种植区;中至镇、洪凝街道、许孟镇、松柏镇等为小麦气候条件次适宜种植区。总体来看,五莲县小麦气候因子适应性整体水平较高。

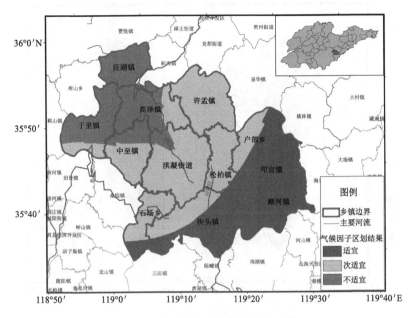

图 6.4　五莲县小麦气候因子区划

### 6.2.4　五莲县小麦地形因子区划

将影响小麦生长发育的关键地形因子进行累加,其表达式为:

$$Y_{地形} = X_1\lambda_1 + X_2\lambda_2 + X_3\lambda_3 \tag{6.6}$$

式中:$Y_{地形}$ 表示小麦地形因子的种植适宜程度;$X_i$ 为地形因子;$\lambda_i$ 为权重。$X_1$ 表示坡度;$\lambda_1$ 表示对应权重 0.333;$X_2$ 表示海拔高度;$\lambda_2$ 表示对应权重 0.333;$X_3$ 表示坡向;$\lambda_3$ 表示对应权重 0.333。五莲县小麦地形因子区划结果如图 6.5。

五莲县小麦地形因子区划结果显示,五莲县小麦种植地形适宜性总体较高。全市除了少部分不适宜地区之外,其他绝大部分均为适宜、次适宜地区。

### 6.2.5　五莲县小麦土壤因子区划

五莲县土壤因素区划结果是所有土壤因子的综合,是所有土壤因子标准化并乘以对应权重后的加和,其表达式为

$$Y_{土壤} = X_1\lambda_1 + X_2\lambda_2 + X_3\lambda_3 \tag{6.7}$$

式中:$X_1$ 表示土壤类型;$\lambda_1$ 表示对应权重 0.350;$X_2$ 表示土壤质地;$\lambda_2$ 表示对应权重 0.150;$X_3$ 表示土壤腐殖质层厚度;$\lambda_3$ 表示对应权重 0.500。五莲县小麦土壤因子区划见图 6.6。

从土壤因子的角度,五莲县小麦种植适宜程度一般,空间性比较强,相比来说西北部、中部和东南部存在少部分适宜区。适宜区主要分布在汪湖镇、于里镇、高泽镇、

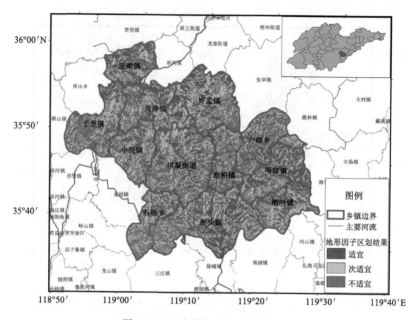

图 6.5　五莲县小麦地形因子区划

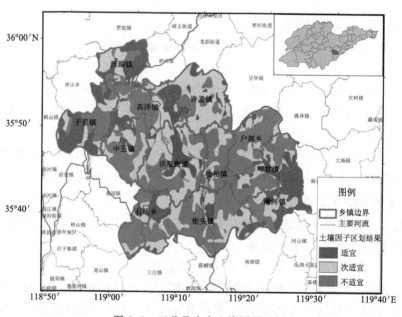

图 6.6　五莲县小麦土壤因子区划

中至镇、许孟镇、洪凝街道、石场乡、街头镇、叩官镇和潮河镇等；次适宜区主要分布在
汪湖镇、许孟镇、高泽镇、洪凝街道、街头镇等其他乡镇地区。

### 6.2.6　五莲县小麦农业气候区划

综合气候、地形、土壤三大因子,其计算公式为

$$Y = X_{气候}\lambda_1 + X_{地形}\lambda_2 + X_{土壤}\lambda_3 \qquad (6.8)$$

式中:$\lambda_1 = 0.3$;$\lambda_2 = 0.1$;$\lambda_3 = 0.6$。五莲县小麦农业气候区划见图 6.7。

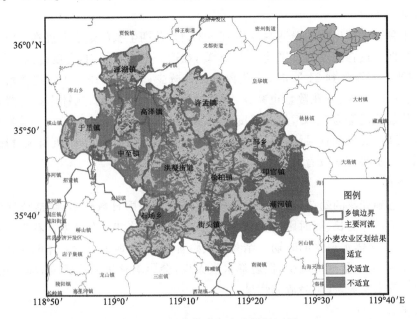

图 6.7　五莲县小麦农业气候区划

综合气象、地形、土壤三大因子,五莲县小麦适宜性整体呈由东南向西北递减的趋势。适宜区所占面积为 333.95 km²,约占全县的 22.26%;次适宜区面积占到 775.41 km²,约占 51.69%;不适宜区所占面积为 390.65 km²,约占全县的 26.04%。

具体结论为:五莲县户部乡、叩官镇、潮河镇、街头镇、石场镇等为小麦适宜区;小麦次适宜区主要分布在许孟镇、洪凝街道等其他乡镇地区;汪湖镇、高泽镇、于里镇、中至镇等为小麦不适宜种植区。

## 6.3　五莲县花生农业气候区划

花生是重要的油料作物,种子含油率可达 48%~60%。花生全身都是宝,其仁含丰富的油脂、蛋白质和多种矿物质及维生素,榨油后的花生饼是上等饲料和农田有机肥;花生壳粉碎后亦可作为饲料,并能加工许多工业品。花生的籽仁、种皮、果壳及花生油均可入药,花生根部的根瘤能固定空气中氮素,花生藤可作绿肥。五莲县花生特点为粒大饱满、香甜可口、油而不腻,深受国内外欢迎。五莲县花生种植历史悠久,生产经验丰富,五莲为国家花生商品出口基地,年加工花生制品十万余吨,如花生酱、

精炼花生油、乳白花生等优质产品。

### 6.3.1　影响花生种植的自然条件

花生性喜温、喜光、耐旱,系短日照作物。花生对温度、水分、光照等气候因素均有一定的要求。

1. 温度

花生种子发芽出苗的最适温度为 25～35 ℃,苗期生长的最适温度在 20～27 ℃。开花下针期的适宜温度为日平均 23～28 ℃,在这一温度范围内,温度越高,开花量越大;当日平均气温降到 21 ℃时,开花数量显著减少;若低于 19 ℃时,则受精过程受阻,若超过 30 ℃时,开花数量也减少,受精过程受到严重影响,成针率显著降低。荚果发育的最低温度为 15 ℃,最高温度为 39 ℃,最适温度为 25～33 ℃;结荚期地温保持在 31 ℃时,荚果发育最快,体积最大,重量最重,若达到 39 ℃时,荚果发育缓慢;若低于 15 ℃,荚果停止发育。

2. 降水

由出苗到开花的幼苗阶段,耗水量较少,降水及阴雨日数较多,会造成通气不良引起烂种及茎叶徒长,同时影响根系发育,影响花芽分化和开花结果。花生开花下针期,是花生一生需水最多的时期。结荚至成熟阶段,花生地上部营养体的生长逐渐减缓以至停止,需水量逐渐减少,但若降水量太少,会影响荚果的饱满度;降水量太多,也不利于荚果发育,甚至会造成烂果。

3. 日照

花生属短日照作物,但对光照时间的要求并不太严格,一般花生幼苗期、结荚成熟期的日照时数对植株的生长发育影响不大,而开花下针期的日照时数对植株的生长发育有一定的影响,长日照有利于营养体生长,短日照能使盛花期提前,但总开花数量略有减少。

4. 土壤

花生对土壤的要求不太严格,除特别黏重的土壤和盐碱地,均可种植花生。上层土壤的通气透水性良好,昼夜温差大;下层土壤的蓄水保肥能力强,热容量高,使土壤中的水、肥、气、热得到协调统一,有利于花生的生长和荚果的发育。

### 6.3.2　花生农业区划因子的选择与权重确定

根据花生生育期各阶段所需气象条件不同,选择了最可能影响花生生长的 4 个气象要素作为花生种植区的影响因子,并根据花生对不同地形因子与土壤因子的适应性及影响程度不同,采用层次分析法(AHP)赋予不同权重,具体因子的选取及权重分配见图 6.8。

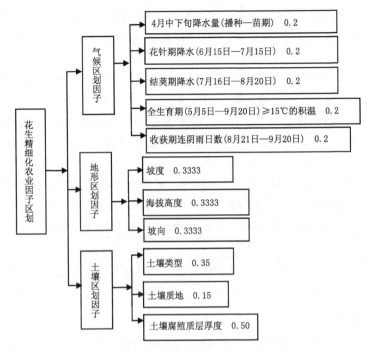

图 6.8　五莲县花生农业区划因子及权重分配图

### 6.3.3　五莲县花生区划因子的空间分布及分级指标确定

1. 4 月中下旬降水量(播种—苗期)

播种出苗期土壤墒情不足,会影响出苗,也易导致蚜虫大发生,造成病害流行。播种期土壤水分过多,会造成通气性不良引起烂种。但苗期雨水太多,也会引起茎叶徒长,影响根系发育和花芽的形成,同时湿度大会引起烂根。

五莲县 4 月降水量范围在 28.8～31.0 mm,总体上呈现由西南向东北递减的趋势,西南部地区降水量最大,主要是街头镇西部、石场乡及西部边缘地区,降水范围在30.2～31.0 mm。降水量最少的地区在五莲县东部边缘地区及于里镇的西北角。

根据五莲县 4 月中下旬降水量(播种—苗期)具体分布定为四个等级,并根据 4 月中下旬降水量(播种—苗期)对花生生长发育的影响,赋予不同的分数(见表 6.1):

表 6.1　4 月中下旬降水量(播种—苗期)分级及分数

| 分级 | 1 | 2 | 3 | 4 |
|---|---|---|---|---|
| 等级范围 | $R<29.2$ | $29.2 \leqslant R < 29.8$ | $29.8 \leqslant R < 30.2$ | $R \geqslant 30.2$ |
| 分值 | 0.9 | 1 | 1 | 0.9 |

2. 花针期降水(6 月 15 日—7 月 15 日)

6 月 15 日—7 月 15 日为五莲县花生的花针期,这时期花生对水分反应敏感。花针期降水太少,会影响花芽分化、开花、受精和果针的伸长。地面干燥也会有碍果针入土。但降水太多,也会影响开花、受精。同时此时期降水太多或长期阴雨,会发生叶斑病,使花生产量和品质下降。

五莲县花生花针期降水总体上呈现由西南向东北递减的趋势,降水量范围在147.2～164.1 mm。西南部地区降水量最大,主要是街头镇西部、石场乡及西部边缘地区,降水范围在161.0～164.1 mm。降水量最少的地区在五莲县东部边缘地区,主要包括:汪湖镇、于里镇东部、高泽镇西部、许孟镇北部、户部乡北部、叩官镇东部、潮河镇东部,降水范围在147.2～151.9 mm。

根据五莲县花生花针期降水量实际资料,定为四个等级,并根据花针期降水量4对花生生长发育的影响,赋予不同的分数(见表6.2):

表 6.2　花针期降水(6 月 15 日—7 月 15 日)分级及分数

| 分级 | 1 | 2 | 3 | 4 |
|---|---|---|---|---|
| 等级范围 | $R<151.9$ | $151.9 \leqslant R<156.1$ | $156.1 \leqslant R<161.0$ | $R \geqslant 161.0$ |
| 分值 | 0.9 | 1 | 1 | 0.9 |

3. 结荚期降水(7 月 16 日—8 月 20 日)

7 月 16 日—8 月 20 日为花生结荚期。结荚期降水太少,则荚果的膨大和成熟受到抑制。但降水太多,相对湿度太大,花生容易得锈病。五莲县花生结荚期降水量范围在223.8～242.0 mm,总体上南部多于北部、西部多于东部。最高降水区主要分布在五莲县西南部的街头镇西部、石场乡及西部边缘地区,降水量约238.3～242.0 mm。五莲县北部、东部大部分地区降水量最少,但全县花生结荚期降水量相差并不大。

根据五莲县花生结荚期降水量实际资料,定为四个等级,并根据结荚期降水量4对花生生长发育的影响,赋予不同的分数(见表6.3):

表 6.3　花生结荚期降水(7 月 16 日—8 月 20 日)

| 分级 | 1 | 2 | 3 | 4 |
|---|---|---|---|---|
| 等级范围 | $R<231.9$ | $231.9 \leqslant R<235.4$ | $235.4 \leqslant R<238.3$ | $R \geqslant 238.3$ |
| 分值 | 0.9 | 1 | 1 | 0.9 |

4. 全生育期(5 月 5 日—9 月 20 日)≥15 ℃的积温

5 月 5 日—9 月 20 日为五莲县花生全生育期。花生是喜温作物,整个生育期积温是主要的制约因素。积温减少,会影响花生出米率,导致减产。五莲县积温分布总体表现为由西北向东南递减的趋势,全县积温相差63 ℃·d。积温最高值主要分布在五莲县西北部的汪湖镇、于里镇、中至镇西部、高泽镇西部,积温范围在3182～3198 ℃·d。最低值区出现在户部乡北部、叩官镇东北部。

根据五莲县全生育期积温实际资料,定为四个等级,并根据全生育期积温花生生长发育的影响,赋予不同的分数(见表6.4):

表 6.4　全生育期积温分布

| 分级 | 1 | 2 | 3 | 4 |
|---|---|---|---|---|
| 等级范围 | $R<3139$ | $3139\leqslant R<3170$ | $3170\leqslant R<3182$ | $R\geqslant3182$ |
| 分值 | 0.7 | 0.7 | 0.8 | 0.8 |

**5. 收获期连阴雨日数(8 月 21 日—9 月 20 日)**

8 月 21 日—9 月 20 日为花生收获期。收获期连阴雨会造成烂果,影响花生品质。五莲县花生收获期阴雨天日数在 9~10 d,全县差异不大。总体呈现西部高于东部的趋势。由于连阴雨日数相差最多仅为 1 d,没有再进行分级。

### 6.3.4　五莲县花生气候因子区划

将影响花生生长发育的关键气候因子进行加权综合,得到五莲县花生气候因子区划结果。五莲县大部分地区为花生适宜种植区,最适宜种植区分布最少,总体上中部好于东、西两侧。最适宜区主要分布在于里镇南部、中至镇中南部、洪凝街道中西部。一般适宜区主要分布在东部边界地区、西南部的街头镇西部、石场乡、洪凝街道西南边缘。其余地区均为适宜区。

**1. 五莲县花生地形因子区划**

五莲县花生地形因子精细化区划结果图略。分布图与结果评述可参见五莲县小麦区划。

**2. 五莲县花生土壤因子区划**

五莲县花生土壤因子区划见图 6.9。

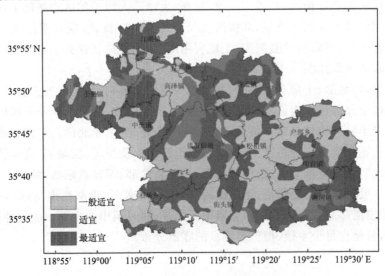

图 6.9　五莲县花生土壤因子区划

从土壤因子的角度,五莲县花生适宜性分布没有明显的规律性,各等级适宜性特别是最适宜、适宜均为零散分布。最适宜区在五莲县各乡镇、街道均有分布,五莲县适宜性区域相比分布较少,一般适宜性区域分布相对比较集中。

3. 五莲县花生综合农业区划

综合气候、地形、土壤三大因子,得到五莲县花生农业区划见图6.10。

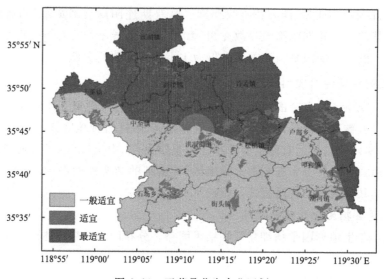

图 6.10    五莲县花生农业区划

为了使区划更加精确,在考虑气象、地形、土壤三大因子的区划基础上,进一步考虑五莲县河流及土地利用类型,即将河流及草地、林地、城镇、裸地等排除,得到五莲县花生综合农业区划(五莲县河流、土地利用图略,可参见五莲县小麦区划)。五莲县花生综合农业区划如图6.11。

综合气象、地形、土壤三大因子,并排除河流及土地利用类型,五莲县花生种植的适宜性总体上北部优于南部,东部略优于西部,一般适宜、最适宜区分布很广,适宜区分布面积最小并且比较分散。最适宜区主要分布在北部、东北部及东部边缘地区。

五莲县花生最适宜种植区主要包括:于里镇北部及东部、汪湖镇、高泽镇、中至镇北部、许孟镇、洪凝街道北部、松柏镇北部、户部乡北部、叩官镇东部、潮河镇东部。五莲县花生一般适宜区主要包括:于里镇南部、中至镇南部、洪凝街道南部、石场乡、街头镇、松柏镇南部、户部乡南部、叩官镇中西大部、潮河镇中西大部。适宜种植区没有集中分布,只是在每个乡镇、街道有零星的零散分布。

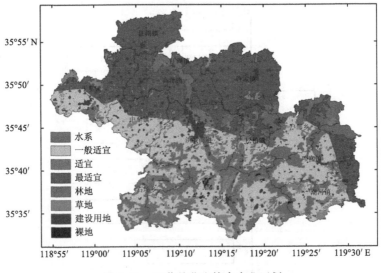

图 6.11  五莲县花生综合农业区划

## 6.4  五莲县茶树农业区划

五莲县自 1966 年"南茶北引"成功后,五十余年来,逐步将茶叶种植确定为支柱产业。五莲绿茶因其"汤色黄绿明亮、栗香浓郁、回味甘醇、叶片厚、滋味浓、香气高、耐冲泡"的独特品质被誉为"江北第一茶",合理规划茶树种植区,防治气象灾害对增加茶叶产量,提高茶叶品质具有重要意义。

### 6.4.1  影响茶树种植的气候条件

茶树的生长对气候、地貌、土壤等条件有一定的要求:3 月下旬气温达到 8 ℃以后,从茶树芽膨大到停止生长的 220 d 内,要求≥10 ℃积温在 4000 ℃·d 以上,生长过程年平均气温至少在 10 ℃以上,最低气温高于-10 ℃,最高气温低于 35 ℃。一般在茶树生长期中,平均每月降水量有 100 mm 就能满足茶叶生长的需要,五莲县茶树生育期降水可达到 600 mm 以上,基本满足茶叶生长的需要,日照百分率 40%～50%,海拔高度为 100～700m 的山坡地,坡度不宜过高也不易过低,茶区不可位于坡顶和坡底,土壤呈酸性或微酸性。相对湿度在茶叶生长周期对提高茶叶品质有着重要意义,相对湿度 80%～90% 比较适宜茶树生长。

### 6.4.2  农业区划因子的选择与权重确定

根据茶树生育期各阶段所需气象条件不同,选择了最可能影响茶树生长的 10 个要素作为茶树种植区的影响因子,采用层次分析法(AHP)赋予不同权重,具体因子的选取及权重分配见图 6.12。

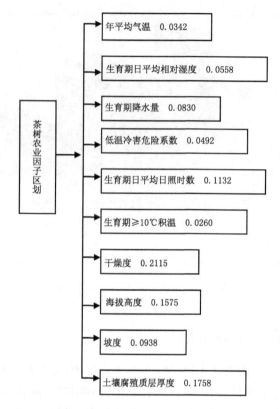

图 6.12　五莲县茶树农业区划因子及权重分配图

### 6.4.3　精细化区划因子的空间分布及分级指标确定

1. 生育期≥10 ℃积温

生育期积温对茶树有很大的影响,茶树芽自膨大到停止生长的 220 d 内,要求≥10 ℃积温在 4000 ℃·d 以上,有效积温越大生长期越长,越有利于茶树的种植。镇南部、洪凝街道中部为高值区,可达 4269.29 ℃·d,东部部分地区包括:户部乡、叩官镇、潮河镇东部均为低值区,≥10 ℃积温为 4171.10 ℃·d,最高值与最低值之间相差 98.19 ℃·d。

2. 生育期降水量

水分是植物生长的基础条件之一,降水是茶园水分的主要来源。降雨量过多,强度过大,易引起水土流失,影响茶叶生长,且生长出的茶叶茶味淡薄。雨量过少,茶树生长受抑制,芽叶生长缓慢,叶形变小,节间变短,叶质粗老而硬,影响产量和品质。

五莲县生育期降水西南地区降水量稍高,逐渐向北部、东部地区减少,最高值700.8 mm,最低值 647.8 mm,高值区包括石场乡,街头镇小部,洪凝街道、中至镇少部分,低值区包括汪湖镇、许孟镇东北部。

### 3. 生育期平均日照时数

生育期平均日照时数会影响到茶树的生长。蓝紫光利于营养物质的积累,五莲县东南部乡镇靠近海边,水汽由洋面登陆,常常形成雾天,因此日照时间越长,漫反射辐射量越大,对茶树种植越有利。

五莲县生育期平均日照时数呈现由东部向西部逐步递减的趋势分布。东部平均日照时数较大,西部大部分地区平均日照时数相对较小。平均日照时数最高值为6.98 小时,最低值为 6.74 h,总体上平均日照时数差别不大。

### 4. 年平均气温

年平均气温对任何农作物生长都有一定作用。在茶树生长期(4—10 月),茶区温度过高或过低都不利于茶树的生长,温度过高抑制茶树生长,温度过低易发生冷害或冻害。

五莲县各乡镇年平均气温可达 12 ℃以上,位于中部的洪凝街道为高值区,最高温度为 12.9 ℃,其余地区大致呈由西南向东北方向递减的趋势,东北边界处为低值区,最低温度为 12.6 ℃,总的来说全县温度差异较少。

### 5. 低温冷害系数

低温会使茶树受害,由于品种的不同,茶树对低温的适应能力会有所不同,一般中、小叶品种的茶树可适应的低温为−15～−10 ℃,大叶可适应的低温为−5 ℃。

五莲县低温冷害系数大致呈由西北向东南减少的趋势分布,其中北部的汪湖镇、高泽镇、于里镇部分地区低温冷害系数较高,为 0.677,茶树种植适应性稍低,南部大部分地区低温冷害系数较低,最低值为 0.520,茶树种植适应性稍高。

### 6. 干燥度空间分布

茶树对温度和水分要求较高,空气中水汽含量越高越有利于茶树种植,因此干燥度越小越利于茶树种植。

五莲县干燥度分布呈由北向南逐步减少的趋势分布,最高值 1.04,最低值 0.97。其中汪湖镇,于里镇、高泽镇小部为干燥度高值区,石场乡、街头镇、洪凝街道、中至镇、于里镇小部为干燥度低值区,更适宜种植茶树。

### 7. 相对湿度

茶树对相对湿度的要求较高,70%以上基本满足茶叶生产,相对湿度为 80%～90%最适宜茶树生长。

五莲县相对湿度大体呈现出东部高于西部的特征,但整体差异不大,最高为89.17%,最低为 87.53%,相差 1.64%。相对湿度较高区域分布在潮河镇、叩官镇、街头镇交汇部分;相对湿度较低区域分布在五莲县西部,具体为于里镇大部、中至镇西部及石场乡西南部。

#### 6.4.4 五莲县茶树综合农业区划图

综合以上各因子,五莲县茶树农业区划见图 6.13。

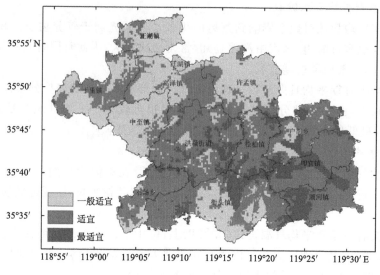

图 6.13　五莲县茶树精细化农业区划

　　五莲县茶树种植适宜性分布具有明显的空间差异性。总体来看,五莲县中部和西南部的适宜性较强。茶树种植最适宜区所占面积较小,主要零散分布于中部和北部地区,北部和南部地区部分地区的适宜性最差,其余地区为茶树种植次种植区。

　　最适宜区主要分布区:汪湖镇中部、于里镇西部及南部、高泽镇西南部、中至镇北部和中部、许孟镇北部、南部及东北部小部分地区、洪凝街道部分地区、石场乡中部、南部及零散分布的其他地区、街头镇北部、西部部分地区及东部小部分地区、松柏镇南部及北部部分地区、户部乡东北部小部及南部部分地区、叩官镇中部及西北部部分地区、潮河镇东北部及南部部分地区。除汪湖镇、叩官镇、街头镇、高泽镇、中至镇的分布较为集中外,其余区域分布都较为分散。

　　适宜区主要分布区:汪湖镇西部及东部部分地区、于里镇中部、西部及东部部分地区、高泽镇西部小部分地区及东部大部、中至镇西部及东部小部分地区、洪凝街道绝大部分地区、许孟镇南部及西部部分地区、石场乡大部分地区、街头镇西部、北部及东部部分地区、松柏镇大部分地区、户部乡西部及东北部部分地区、叩官镇东北部及南部小部分地区、潮河镇大部分地区。其中洪凝街道、石场乡、松柏镇、潮河镇的分布较为明显。

　　一般适宜区主要分布区:汪湖镇东北部及西南部部分地区、于里镇南部及北部部分地区、高泽镇中部部分地区、许孟镇大部分地区、中至镇中部及北部部分地区、洪凝街道小部分地区、石场乡小部分地区、街头镇大部分地区、潮河镇西部部分地区、叩官镇南部及东北部部分地区、户部乡中部部分地区零散分布、松柏镇小部分地区。许孟镇、街头镇、叩官镇、户部乡、高泽镇的一般适宜区较大,其余地区的一般适宜相对较小。

# 第 7 章 五莲县大樱桃灾害防御技术

## 7.1 五莲县大樱桃主要气象灾害防御

### 7.1.1 春季晚霜的防御

五莲县初春 3 月气温回升较快,而在春季后期受较强冷空气袭击后,经常出现气温骤降,气温剧烈变化,霜冻发生频繁,对大樱桃生产造成极大威胁。

1. 霜冻的危害

晚霜冻害对大樱桃的危害主要表现为冻芽、冻花、冻果。

冻芽:萌芽期,花芽受冻较轻时,柱头枯黑或雌蕊变褐;稍重时,花器死亡,但仍能抽生新叶;严重时,整个花芽冻死。

冻花:蕾期或花期,受冻较轻时,只将雌蕊和花柱冻伤甚至冻死;稍重时,可将雄蕊冻死;严重时,花蕊干枯脱落。

冻果:坐果期,受冻较轻时,使果实生长缓慢,果个小或畸形;严重时,果实变褐脱落。

2. 霜冻的预防措施

(1)选择适宜地理环境建园。五莲地处鲁东南低山丘陵区,地势高低不平。农谚有"雪打高山,霜打洼"的说法,山谷、盆地、河谷等更易形成霜冻,若在这样的地形地貌中种植樱桃,则往往易受霜冻危害。同样是霜冻,种植在丘陵的背风向阳、土质肥沃、不重茬、不积涝、排水良好,又有水浇条件的中性壤土或砂壤土中,霜冻造成的危害相对较轻。在大樱桃园址进行选择时,最好选择在山地向阳坡、丘陵、倾斜地、阳坡地栽树,冻害概率小。沟底、地势低洼的封闭谷地易积聚冷空气,造成冻害。在松柏镇、户部乡、叩官镇、街头镇、五莲山风管委等地发展大樱桃园时,注意避免选在山谷、河谷、低洼地带。

(2)种植防护林,形成防风防霜冻屏障。五莲县林木覆盖率高达 54.3%,成排的林木为防风防沙起到一定屏障作用。在樱桃园周围特别是在山坡、梯田、盆地或山谷地,冷空气多由上向下汇集侵入,也常使樱桃树受冻。目前及今后发展防护林时应栽种按等高线延伸的不透风林,并且注意在樱桃园的内部的不透风林处应留下放风口,有利于冷空气的顺利排出,从而减轻冷害。

(3)选择抗霜冻品种。大樱桃花期受冻的临界温度为−2℃,在−2℃温度下半小时,花的受冻率10%;温度降至−4℃,冻害率达90%;在−4℃的温度下半小时,几乎100%的花受冻。其临界温度因开花物候而异,一般是随着物候期的推移,耐低温能力逐渐减弱,大樱桃在花蕾期的耐低温能力强于开花期和幼果期。因此,最好选择黑珍珠、福晨、美早等抗寒力较强的品种。

(4)培育健壮树体。维持健壮树势是做好晚霜冻害预防的基础。树势弱、花量大的树体,受害特别重;树势健壮、花量适中的树体受害轻。通过合理负载、合理施肥浇水、科学修剪、综合病虫害防治等措施,增强树势和树体的营养水平,提高抗寒力。

(5)延迟萌芽开花期。萌芽开花期越早,遭受晚霜冻害的可能性就越大,损失也大。可以通过树干涂白、早春浇水等措施延迟萌芽期和花期。冬季或者早春树干涂白,可使树体温度升降缓慢,减轻日烧和冻害,还可兼治树干病虫害,树干涂白或萌芽前枝干喷50倍的石灰乳,可推迟萌芽、开花3~5 d。发芽前果园灌水,可显著降低地温,萌芽后开花前再灌1~2次水,霜前灌水并喷0.5%蔗糖水,可延迟花期2~3 d,从而避免早春倒春寒对树体幼嫩组织的危害。

(6)行间覆膜或覆草。五莲县果树目前大多采取了果园覆草、穴贮肥水等措施,在果树行间覆盖麦秸、玉米秸秆等作物秸秆和树叶、干草等,既可保墒,又能提高地温2~3℃,减少冻害发生;也有的果农在樱桃树主干四周1 m的直径范围内覆上地膜,或在樱桃树的树干周围进行培土,高度15 cm呈圆锥状。

(7)架设防霜避雨棚。对于霜冻发生严重的地区,可架设防霜避雨棚进行防护。防霜避雨棚在春季可以起到防霜冻的作用,果实成熟前可以解决遇雨容易裂果的难题,如果在外围罩上防鸟网,又可以防鸟啄食樱桃果实。根据园片立地条件、建棚成本等因素,可选择不同的棚型。大面积地块,建议采用聚乙烯篷布、篷布收缩式、连栋塑料固定式防霜避雨设施,在保证效果的基础上,可降低劳动力成本;在栽培面积较小的地块,建议采用四线拉帘式、三线拉帘式避雨防霜设施,这几种成本低廉,操作简便。

(8)改善果园小气候。薰烟法:熏烟是目前在五莲县应用最为广泛、经济成本最低的一种方法。在霜冻或寒流来临前进行熏烟,以气温降至2℃时的午夜0时前后点燃一直到早晨日出,熏烟材料用锯末、花生壳、麦糠、秸秆、杂草、落叶等等能产生大量烟雾的易燃材料,点火形成浓烟,使霜冻难以形成,一般1亩樱桃园点5~6个燃火点,燃火点应设在上风头,使烟布满全园。生烟堆高1.5 m,底直径1.5~1.7 m,堆草时直插或斜插几根粗木棍,垛完后抽出作透气孔。将易燃物由洞孔置于草堆内部,草堆外面覆1层湿草或湿泥。发烟堆以暗火浓烟为宜,使烟雾弥漫整个果园。据五莲县气象局在松柏镇百果谷开心大樱桃园进行的试验发现,烟熏法可在3 h内提高地温2~3℃,并保持36 h,能有效减少霜冻对大樱桃的危害。

喷水法:浇冬前水有利于增加大樱桃树附近的空气湿度,有利于霜冻发生时虽然气温下降,水汽凝结放出潜热提高空气的温度,使得霜冻发生时的温度难以继续下降;在春季灌水时要早,冻害前灌水或喷灌,但要注意在大樱桃幼果期切忌大水漫灌,否则一旦天气晴好,温度升高,尤其是持续干旱后,大水漫灌易发生樱桃裂果。根据天气预报,在霜冻发生前 1 天灌水,提高土壤温度,增加热容量,夜间冷却时,热量能缓慢释放出来。浇水后增加果园空气湿度,遇冷时凝结成水珠,也会释放出潜在热量。因此,霜冻发生前,灌水可增温 2 ℃左右,有喷灌装置的果园,可在降霜时进行喷灌,无喷灌装置时可人工喷水,水遇冷凝结时可释放出热量,增加湿度,减轻冻害。

(9)均衡施肥。目前五莲县大樱桃果园管理普遍存在氮肥过量,而磷、钾肥不足、有机质偏少的问题,增加有机肥,多施磷、钾肥,实现氮、磷、钾肥平衡合理,有利于五莲山区大樱桃树的生长发育,增强树势头后抗冻能力随之增强。

### 7.1.2　冬季冻害的防御

越冬期气温在−10 ℃以下,樱桃树常会出现细胞受伤或死亡现象。大樱桃树根系分布较浅,1～3 年的幼树根系分布更浅,一般都在 5～40 cm 左右。五莲县野外冬季的土壤冻层有时达 40～60 cm 深,树体的整个根系都在冻层土里,造成树体内养分、水分上部与下部不平衡,加上寒流频繁侵袭,容易造成死树和枝条抽干现象。

1. 冻害类型

(1)嫩枝冻害:停止生长较晚,发育不成熟的嫩枝,因组织不充实,保护性组织不发达,容易受冻而干枯死亡。

(2)枝杈冻害:受冻枝杈皮层下陷或开裂,内部由褐变黑,组织死亡,严重时大枝条也死亡。

(3)枝条冻害:发育正常的枝条,其耐寒力虽比嫩枝强,但在温度太低时也会出现冻害,有些枝条外观看起来无变化,但发芽迟,叶片瘦小或畸形,生长不正常,剖开木质部色泽变褐,之后形成黑心,这是冻害所致,严重时整个枝条干枯死亡。

(4)根茎冻害:根茎皮层发黑死亡,轻则发生于局部,重则形成黑环,全株枯死。

(5)根系冻害:在地下生长的根系其冻害不易被发现,但对地上部的影响非常显著,表现在春季萌芽晚或不整齐,或在展叶后又出现干缩等现象,刨出根系则可看到外部皮层变褐色,皮层与木质部分离,甚至脱落等。

2. 冻害的预防措施

(1)控制枝条疯长。9 月以后,大樱桃新梢部在延长,生长基本上处于半停止状态,树体对修剪的反应不敏感,新梢顶部的嫩绿部分还在继续生长,不断消耗老叶制造的养分。约在 10 月进行摘心,把秋梢生长点摘掉,迫使枝条提前停止生长。对于枝条疯长现象,在大樱桃休眠期于树身或主枝下部嫩皮处用锥针周扎两排孔,然后用毛刷环刷"促花王 1 号",有效地控制新梢生长,促花,节约营养,提高坐果率。

(2)适时做好枝条修剪工作。冬季气候干旱寒冷,修剪一定要放在萌芽前进行,以免发生冬季抽条现象;另外,冬剪时只对 1～2 年生的枝条进行,大枝疏除要在夏季的 7 月、8 月进行,才能使剪口愈合良好。剪掉当年生枝的嫩绿梢部,促进枝条自身及花芽和叶芽发育充实。对幼旺树要适时疏除背上的直立枝、过密枝、过旺枝,改善内膛光照,促进花芽分化。对修剪时造成的伤口涂抹"愈伤防腐膜"封闭,保护愈伤组织生长。

(3)松土施肥。增加有机质的贮存,提高树体本身的抗寒能力。在 9 月增施磷钾肥,每株 2～3 两,最好是硫酸钾肥。每次喷药时加入 0.3% 的磷酸二氢钾,保护后期叶片。10 月下旬施基肥,人粪尿＋牛粪(或鸡粪)＋沙混合堆沤后,每株 50 kg,于距主干 1.5 m 处沟施。每次施肥后适量灌水。秋施肥浇水后,待土不黏时,将全园普遍耕翻一次,提高土壤通透性,有利于根系生长。

(4)灌封冻。在休眠期,枝条仍有微弱的蒸腾作用,此时,土壤中缺水常会引起抽条或加重冻害,从而降低大樱桃树越冬能力。一般在土壤封冻前,结合秋施基肥,浇一次透水,既促进基肥尽快腐化,又可加速根系伤口愈合,促发新根,同时提高越冬抗寒能力,防止抽条。

(5)清园消毒灭菌。做好清园工作,减少病虫害的发生,强壮树体。清除果园中残留的枯枝落叶、病残果带出园外集中销毁;剪除枯枝,剔除残蒂,结合修剪,去掉病枝、虫芽、虫瘤;彻底刮除枝干粗皮,对于枝干病虫害,刮除病皮后涂抹"护树将军",抑制病虫害复生。

(6)保温防冻。大樱桃受到霜害、冻害容易流胶流水,因此要保温防冻,喷洒"新高脂膜"乳剂,有效保护大樱桃树防寒防冻,还有防病、防腐、抑制病菌繁衍,恢复植物生理元气之功效。

### 7.1.3 频繁降水的防御

五莲县大樱桃生长期,尤其是大樱桃果实膨大期和成熟期,遭遇频繁降水使得大樱桃减产或品质下降。

1. 频繁降水的危害

樱桃树根系浅,对土壤通气性要求高,抗涝性差。新根发生要求土壤中氧气含量在 15% 以上,降至 5% 时新根即完全停长。土壤缺氧,根的呼吸作用不能正常进行,生长和呼吸即停止。果园长期积水,大樱桃树苗根系缺氧,呼吸困难,甚至产生厌氧呼吸,根系中毒,导致吸收根死亡,叶片萎蔫、变褐,失去光和能力,出现死树现象。果实出现裂果、烂果、落果现象。

2. 预防措施

(1)关注天气预报,赶在雨前抓紧采摘已经成熟的大樱桃果。

(2)选择抗涝砧木,应栽培抗涝性好的马哈利、考特、吉塞拉等砧木。

(3)调整品种结构,在五莲县大樱桃树苗栽植品种中,红色品种占 80%,应及时调整品种结构,加快发展风味好、抗涝性强的黄色品种的比例。

(4)挖好排水沟,地块间要有纵横交错相通的大排水沟,深 100 cm 以上,宽80 cm 以上;面积大的,排水沟还要加深、加宽,每亩主、次排水沟各一条;主排水沟还要加深 80 cm、宽 60 cm,一般不长于 200 m,南北各一条;次排水沟深 60 cm、宽40 cm,东西各一条。

(5)及时进行补救,降雨后树叶刚刚出现萎蔫时,马上施肥、喷药,效果好;如果树叶变褐再处理,效果不明显。疏松土壤,撒施松土剂或进行中耕划锄,使根系松土透气,减少吸收根的死亡。增强叶片的光合作用,叶片喷布泰宝 800 倍液或芸苔素 2000 倍,增加营养,增强树势。增强根系活力,通过使用生根剂(根茂或根必施)或松土剂,保持根系旺盛生长力。土施 200 倍活力素、特优根 500 倍,每株浇水 20 kg 左右,对刚开始发生危害较轻的树体有明显恢复效果。减少叶片的蒸腾作用,通过减少叶片数量,叶片喷布 500 倍的蒸腾抑制剂,降低死亡速度和数量。

### 7.1.4 大风的防御

五莲县春季大风频发,花期、幼果期、果实膨大期、成熟期遇到大风均会对产量造成不利影响,遇到大风天气,根据不同发育期进行防御。

(1)发展大棚大樱桃。既提高果农收入,又能避免大风造成的伤害。

(2)提前进行人工授粉,或是花期采用蜜蜂或壁蜂授粉。角额壁蜂具有适应性强、活泼好动、采花频率高等优点,应用最多。一般在开花前 1 周释放,每亩放蜂量 200 头左右,赶在大风天气来临前提高授粉率和坐果率。

(3)栽种防风林。有条件的果园在周围栽种防风林,尽量减少风力对樱桃造成的影响。

(4)适时提前采摘。赶在大风天气来临前提前采摘成熟樱桃,抓紧进行销售和储存,避免风大落果。

### 7.1.5 高温的防御

夏季,高温天气比较多的同时又容易引起雨涝,因高温引起干旱、高湿或者土壤贫瘠樱桃苗缺肥引发大樱桃苗的褐斑病和早期落叶病害比较严重,在夏季高温的时候应该采取一些措施减少高温对大樱桃苗的伤害。

(1)用杀菌药戊唑醇加进口叶面肥对大樱桃苗木进行喷施。

(2)如果比较严重可隔几天再用丙环唑加叶面肥进行再次喷施,在夏季可以对每株大樱桃树苗木施氮磷钾复合肥。

(3)在大樱桃树行间开沟灌水,或地面喷水,利用水分蒸发吸收热量,实现降温。

## 7.2　大樱桃栽培管理问题解答

### 7.2.1　大樱桃如何保花保果？

（1）授粉品种配置：樱桃的绝大多数品种自花结实率极低或自花不结实，必须配置授粉树。授粉品种要求与主栽品种亲和性好，花期相遇，同时还要考虑相互授粉能力和互补授粉，授粉品种有两个以上为宜。主栽品种与授粉树可按 5∶1 配置，以点状或行状均匀分布。若授粉品种配置不当或数量不足，可采取插挂花枝、高接授粉品种。

（2）人工授粉：在初花期，从授粉品种中采集铃铛花蕾，制成花粉，在初花期和盛花期各进行一次人工授粉。可采用手工点授、机械喷粉、鸡毛刷滚授等方法。授粉时间最好在晴天上午 10 时至下午 5 时。

（3）花期放蜂：在樱桃花开 10％时，果园放蜜蜂或壁蜂进行传粉。

（4）花期叶面喷肥：在花蕾期和盛花期各喷 1 次 0.3％～0.5％硼砂溶液，或 0.3％尿素＋0.3％硼砂＋0.3％磷酸二氢钾；谢花后可喷 1～2 次 0.15％绿芬威叶面肥。

（5）激素保花保果在谢花后 2 周左右，用 100～150 mg/L 的赤霉素涂幼果果柄，能减少落果。

（6）灌水或喷水早春花期易发生低温的地区，在花前灌水能推迟花期 3～5 d，错开低温天气；或在花期喷水，也能降低低温对开花坐果的影响。

### 7.2.2　大樱桃如何防止裂果？

大樱桃出现裂果现象，其实是因为大樱桃的果实钙成分流失，主要还是因为大樱桃苗的本体缺钙，所以针对大樱桃裂果，需要对大樱桃的树体进行适时的"补钙"。我们应在秋季或者春季的时候，为大樱桃苗施放生石灰，因为生石灰的主要成分就是钙，在每个大樱桃苗的根系分区，挖 1～3 个 18 cm 左右的坑，为每个坑里填上大约 500 g 左右的生石灰，切记不可以立即浇水，否则会烧坏樱桃树。

施放生石灰的目的，就是通过根系的吸收，来为大樱桃苗提供充足的养分。而且生石灰呈碱性，它还可以有效调节大樱桃苗周边的土壤 pH 值，并且可以杀死一些藏于土壤中的病菌和害虫。

### 7.2.3　大棚大樱桃出现大面积落果现象的补救措施

大棚大樱桃大面积落果主要有以下几方面的原因：

授粉树没有配植好，或遇花期低温、多雨，不利于昆虫传粉，致使授粉、受精不良。此外上一年采果后管理不当，影响了花芽分化的质量，造成花器发育不全，出现畸形花等。因而落花严重，果实不发白不能膨大。采用以下措施补救：

增施基肥，并且在果实生长发育过程中及时追肥。可喷施 0.3％～0.4％尿素和

0.3%磷酸二氢钾混合液 2～3 次,以满足果实对养分的需要。樱桃果实发育期间,若前期干旱,后期遇雨,特别是在果实硬核期后干旱缺水,而临近成熟时突然遇到降雨,常会造成不同程度的裂果,果实风味变淡,降低果实品质,严重影响果实的商品价值。因此生产上要注意预防和减轻裂果。预防裂果增进品质的措施,除选用较抗裂果的品种外,要注意果实硬核期至果实采收前的天气状况,如出现干旱要适量灌水或浇水,维持适宜稳定的土壤水分,保证果实发育对水分的需求;另外,架设防雨篷,预防裂果。国外常采用在果实着色期开始,在树冠上架设防雨帐篷,防止雨水进入果园。防雨帐篷的材料一般用塑料薄膜。

### 7.2.4 如何预防大樱桃苗死苗?

目前,经过栽培验证的优良大樱桃品种只有十几个,而且每个品种都有一定的缺点。如我国自己培育的品种"红灯",它果个头大,色泽艳丽,多汁味甜,丰产稳产,但是进入盛果期晚,果实皮薄,肉软,不宜加工贮运,只适合小面积种植。下面我们一起来看看如何预防大樱桃苗死苗。

(1)在大樱桃种植园内挖排水沟,健全灌溉系统,结合起垄栽培,为大樱桃苗创造舒适的土壤环境。

(2)避免冻害。冬天来临时,可以为大樱桃苗树干涂白、早春浇水来延迟萌芽期和花期。通过合理负载、合理施肥浇水、科学修剪、综合病虫害防治等措施,增强树势和树体的营养水平,提高抗寒力。

(3)加强病虫害防治。使用脱毒苗木建园,减少根癌病的发生率。

(4)选择好的大樱桃苗木。选择与大樱桃嫁接亲和性好、且进行脱毒处理的苗木,定植成活率高。

(5)针对大樱桃苗进行补钙,补钙时间大约在春秋两个季度。具体方法是在根系周围挖几个二十多厘米的小洞,每个洞放上 250 g 生石灰,生石灰本身百分之九十成分都是钙质。切记千万不要为了融合而给根部浇水,否则生石灰和水分发生化学反应,高温会烧毁根部。

### 7.2.5 大樱桃畸形果的发生原因是什么? 如何防治?

樱桃畸形果主要表现为单柄联体双果、单柄联体三果。畸形果的花雌蕊柱头常出现双柱头或多柱头。樱桃花芽分化期,夏季异常高温是引起翌年出现畸形花、畸形果的原因。花芽分化对高温敏感,此期间遇到 30 ℃以上的高温,翌年畸形果的发生率会大大增加。樱桃产区花芽生理分化期是在 5 月新梢停止生长后开始,7—8 月进入花芽分化期,此时正是持续高温炎热的天气,易引起花芽的异常分化形成双雌蕊花芽。

(1)选择适宜的品种。据生产调查,"大紫""红灯"品种的畸形果率高,品种"红艳""宾库""邵翁""红丰"较低。

　　（2）调节花芽分化期的温度。在花芽分化的温度敏感期，若遇高温天气，用遮阳网进行短期遮阳来降低温度和太阳辐射强度，可以有效减少双雌蕊花芽的发生，从而降低翌年畸形果的发生率。另外，利用设施栽培改变大樱桃的生理生化变化，可以使花芽分化时期提前，从而避开夏季高温，也可达到减少畸形果发生的目的。

　　（3）及时摘除畸形花、畸形果。由于畸形果的花在花期就表现为畸形，因此在樱桃开花期、幼果期发现畸形花、果，应及时摘除，节约树体营养，有利于正常果实膨大。

### 7.2.6　五莲县大樱桃苗冬季如何防冻？

　　大樱桃是一种喜温的植物，需求在温度适合，气候条件好的时候种植，倒春寒和霜冻对五莲大樱桃的影响特别大，极有可能导致绝产，所以果农们要做好预防。

　　（1）在建园应依据五莲县大樱桃苗对生态条件的要求，选择不易蒙受霜冻危害的地块或区域栽培五莲大樱桃。霜前喷水，有细微霜冻可在降霜前，靠水分凝结散热，提高大樱桃园内小气候的温度。开花前在樱桃园浇水，可推延花期，躲过高温期。

　　（2）夏季用10%的石灰水喷洒全树或涂抹大枝，或在树体休眠期和花期前后，辨别喷施2～3次防冻肽星或复硝酚钠500～600倍液，维护树体。

　　（3）实行设施大棚越冬栽培。五莲县大樱桃实行设施大棚栽培，不但可以防止冻害，而且可提早上市，效益高，有条件的园地应积极推行。

### 7.2.7　大樱桃花期的管理要点

　　大樱桃花期常遇到低温、阴雨或霜冻天气，造成坐果率低下，要及时加强肥水管理，贮存营养物质，促进树势旺盛，樱桃树发生冻害的概率才会降低，且开花茂盛，提高樱桃产量。

　　1. 花期喷肥

　　（1）盛花期喷施0.2%～0.3%硼砂＋0.2%磷酸二氢钾溶液，若花量大或树势弱，应再加喷0.2%尿素或氨基酸水溶肥。

　　（2）叶面喷施如金菌稀释液可补充樱桃树枝干有益菌群，有助于樱桃树合成氨基酸、糖类、维生素等营养物质，促进樱桃的生理增色，提高果实硬度，促进着色增加光泽度。

　　2. 灌水

　　大樱桃开花需要足够水分。若水分不足，土壤墒情差，花发育不良，花小，柱头分泌的黏液少，花粉生命力弱，影响授粉受精及坐果，所以，开花初期要适量灌小水。

　　3. 授粉

　　（1）人工授粉。初花期，采集各品种未开放的气球状花，剥下花药，置于21℃环境中阴干，然后装入小玻璃瓶中。用铁钉插入瓶子的橡皮塞中，前端套上气门芯，并卷起3～5 mm，于上午9—10时或下午3—4时，对开放的杯状花进行人工点授。操作时动作要轻，防止伤到柱头，并避免重复进行。

(2)蜜蜂授粉。开花前3~5 d,选择活力较强的蜂群,放到棚室内,使其适应温室的气候环境,一般2000~3000 m² 放置一箱蜜蜂。如果温度达到 15 ℃以上,蜜蜂仍不从蜂箱中飞出访花,或者出箱后都落在蜂箱周围呈假死状,则要立即更换,以免影响授粉,并及时进行人工辅助授粉。使用壁蜂或雄蜂授粉,效率更高,但是蜜蜂价格便宜些。

4. 疏花

开花前疏去细弱枝上的花蕾,初花期疏去花束状果枝上的弱质花、畸形花。每个花束状果枝或短果枝留 8~10 个花蕾。落花后 2~3 周,疏去小果和畸形果。

### 7.2.8　大樱桃最佳的浇水时期

在大樱桃的种植过程中,浇好水是樱桃丰产的一步。大樱桃可以按照以下方法进行浇水:

1. 花前水

花前水是在发芽至开花前浇施,主要是满足大樱桃展叶、开花对水分的需求。这一期间气温较低,灌水量要少,以"水过地皮干"为宜,以免降低土壤温度,影响根系生长。灌溉用水最宜用水库、水塘的水。井水温度低,最好先提上来贮存在水池里,晾晒一段时间,或者让井水流经较长的渠道,经过增温后再用。

2. 硬核水

4 月中旬至 4 月下旬,是大樱桃对水分最敏感的时期。这一时期灌水要勤,灌水量要大,一般灌水 1~2 次,使 10~30 cm 深土层的含水量达到 12%以上。灌水时要在大樱桃园的株行间筑成方形或长方形的畦。树干附近土面要稍高,四周土面要整平,以防高处干旱、低处积水。沙地大樱桃园,平均每株每次灌水 2 m³ 左右。

3. 采前水

采果前 10~15 d,为大樱桃果实迅速膨大期,这个时期缺水,则果实发育不良,不仅产量低,而且品质差。但突然灌大水,易引起裂果。因此这个时期灌水,应注意少量多次。采前 8 d 要控制浇水,雨后 8 天采收以保证果实品质。

4. 采后水

樱桃采收后,正值树体恢复和花芽分化的重要时期,此时应结合施肥进行灌水,以恢复树体,保证花芽分化正常进行。在水源充足的地方,采果后天气干旱时,要结合施肥、刨地进行灌水,以加速发挥肥效,促进花芽分化。浇水量宜少不宜多,以水过地皮湿为好。此后如天气短期干旱有利于花芽形成。

5. 生长水

夏秋季节,大樱桃灌水量与灌水时间依降雨状况而定,土壤水分经常保持田间最大持水量的 60%左右。生长季节每次灌水和降雨之后要松土除草。

6. 封冻水

大雪前后全园浇灌封冻水(要浇足、浇透),以利保墒,树体安全越冬。

#### 7.2.9　大樱桃果实发育期如何施肥浇水？

大樱桃果实发育期短，一般 30～60 d 左右；花量大、开花集中，开花坐果消耗的都是树体上一年的贮藏营养。所以，萌芽前至成熟期的肥水管理对树体产量的调控、果实个头的大小、果实品质的提升具有非常重要的作用。

**1. 土壤追肥**

成龄果园追肥时期为萌芽前和果实迅速膨大期。萌芽前，补充氮肥，随水喷灌或滴灌施入硅肥（每亩 15～20 kg）和高氮（其中硝态氮含量 7％以上）的硼肥水溶性硝酸铵钙，每亩 20～30 kg。硬核后的果实迅速膨大，随水喷灌或滴灌施入低磷高钾水溶肥，20 kg/亩，黄腐酸钾 25 kg/亩。

**2. 叶面喷肥**

盛花期喷施硼肥，保障坐果。谢花后喷施氨基酸类、腐殖酸类等多种微量元素、蛋白的叶面肥，7～10 d 喷一次，连续喷 3～4 次。不仅能提高果实可溶性固形物含量，促进果色鲜艳、亮泽，还能增加果实硬度，减轻裂果。

灌水方式有漫灌、滴灌和喷灌，采用喷灌施肥均匀又节水，效果比较好。生产中经常采用简易肥水一体设备，把根外追肥和灌水同时进行。谢花后浇水早晚直接影响树体坐果。试验证明，谢花后第 1 天浇水，可保住谢花时原果量的 80％左右，浇水每延迟 1 天，坐果量下降 10％～15％。

#### 7.2.10　果蝇对大樱桃的危害

樱桃果蝇主要有黑腹果蝇和斑翅果蝇（又称为"铃木氏果蝇"）两种，其中黑腹果蝇为优势种，约占 60％。而对农业生产影响最大的主要是斑翅果蝇和黑腹果蝇，其中尤以斑翅果蝇危害更大。

**1. 两种果蝇的危害方式不同**

斑翅果蝇雌虫的产卵器为坚硬的锯齿状，可将卵直接产于未成熟、近成熟和完全成熟的樱桃的果实内，幼虫在果实内取食危害。取食点周围迅速开始腐烂，并引发真菌、细菌或其他病害的二次侵染，加速果实的腐烂。黑腹果蝇多以腐烂果实为食。黑腹果蝇由于没有锯齿状产卵器，只能危害完全成熟和腐烂的落果，在果实成熟的后期危害。

**2. 果蝇产生原因**

（1）繁殖能力强。斑翅果蝇一年能繁殖 13 代左右，最快 12 d 即完成一代生活史，春天气温到 10 ℃左右成虫开始活动，最短只需 8～9 d 即可完成一个生命周期，雌虫一个生命周期可产 200～600 粒卵；黑腹果蝇 1 年约发生 11 代，当气温 15 ℃左右，地温 5 ℃时成虫出现，当气温稳定在 20 ℃左右、地温稳定在 15 ℃左右时虫量增大，雌蝇可以一次产下约 400 个卵。

（2）寄主范围广，生存能力强。斑翅果蝇和黑腹果蝇均属于腐生性害虫，嗜好酸甜果汁,特别喜欢熟透或腐烂水果,其寄主都非常广泛,能危害桃、李、草莓、葡萄、杨梅等皮薄多汁的 60 多种水果,因此当樱桃采收后,成虫便转向相继成熟的春桃、李子等水果上危害,直至 11 月下旬,温度不利于其发育时才停止产卵危害。

(3)农业防治措施有限。防控措施中主要以糖醋液引诱和果实套袋为主,但糖醋液引诱防治效果有限;果实套袋可以直接阻止成虫在果面产卵,起到保护果实的作用,但樱桃果实较小,套袋工作量非常大,用工成本较高,不易推广大面积使用。

(4)生物防治药剂少。樱桃从果皮开始软化后即可被果蝇危害,距离成熟上市时间间隔短,对药剂安全性要求高,一般化学药剂,残留风险较高,安全间隔期难以达到要求,有效的生物防治药剂少。

## 7.2.11　大樱桃冬季修剪时间

大樱桃树冬季修剪的适宜时期在萌芽前,这一时期的修剪方法主要有疏剪、短截、缓放和回缩。

### 1. 疏剪

疏剪也叫疏枝,是将枝条从基部疏除掉。主要疏除病虫害枝、树形紊乱的大枝、徒长枝、细弱的无效枝和过密过挤的辅养枝等。通过疏枝改善光照条件,减少营养消耗,减弱和缓顶端优势,促进花芽形成,平衡枝与枝之间的长势。对进入盛果期的平行枝,结合空间环境,应疏一枝,放一枝,以改善树体通风透光条件;幼树和结果初期的平行枝,应尽量拉转利用,以增加树体枝量。

### 2. 短截

短截是大樱桃冬季修剪中应用最多的一种手法。短截即剪去 1 年生枝梢的一部分。

### 3. 缓放

缓放也叫甩放。缓放是对 1 年生枝条不修剪,任其自然生长,主要是缓和树势,调节枝量,增加结果枝和花芽数量,提高坐果率。缓放是使幼树提早形成短果枝、早结果的主要方法。

### 4. 回缩

回缩是将多年生枝条剪掉或剪去一部分。适当回缩能促进剪口下的潜伏芽萌发枝条恢复树势,调节各种类型的结果枝比例。回缩主要用于强旺树或衰弱树。对结果枝组和结果枝进行回缩修剪,可以使保留下来的枝条壮势和促花。对树体内交叉枝条应采用回缩一枝,长放一枝。果园行间的交叉枝条应两行都回缩,以便留出作业道,改善通风透光条件;株间的交叉枝条不超过 10%时,对生长结果影响不大,如交叉枝条超过 10%的应进行回缩修剪。

## 7.2.12　大樱桃秋季管理技术要点

### 1. 枝条管理

(1)剪嫩梢:9 月以后,大樱桃新梢顶部的嫩绿部分还在继续生长,不断消耗老叶制造的养分。此时,可剪掉当年生枝的嫩绿梢部,促进枝条自身及花芽和叶芽发育充实。

(2)疏枝:对幼旺树要适时疏除背上的直立枝、过密枝、过旺枝,改善内膛光照,促进花芽分化。

(3)拉枝开角:大樱桃秋季拉枝开角比春季拉枝效果好,大樱桃第一层主枝基角约80°,梢角65~70°,辅养植拦枝开角至80°~90°,拉枝开角时要注意及时移动拉绳或坠物,防止梢角向心生长。

2. 肥水管理

(1)施基肥。大樱桃春季需肥早且集中,为增加树体贮备营养,秋施基肥是关键。山东省大樱桃秋施基肥的时间为秋末至初冬土壤封冻前,以9—10月早施为好。基肥以腐熟的畜禽粪、饼肥以及堆肥、沼渣、秸秆肥等有机肥为主,采用条状和放射状沟施。施肥量以每亩2~4 t为宜。

(2)落叶期追肥。为了提高大樱桃树体内贮藏营养的积累量和浓度,可在落叶前1周叶面喷施0.5%的尿素。

(3)防秋涝。地势低洼的大樱桃园,遇连阴雨要及时利用行间的土进行树盘培土,使水从行间及时排走。

3. 病虫害防治

秋季是金龟子、刺蛾等食叶害虫的高发季节,导致果树早期落叶或叶片被害虫吃光以后,光照、气温仍适宜大樱桃生长,已形成成熟的花芽、叶芽便会破苞萌发,出现"二次开花"现象。因此,要利用物理诱杀和化学防治相结合,切实做好病虫害防治,保护好大樱桃树叶片,防止出现"二次开花"的弊端,促进花芽分化。

## 7.2.13　如何提高露天大樱桃坐果率?

1. 合理配置授粉树

一般主栽品种与授粉品种比例是4∶1,对于S基因型一样的品种不能混栽在一块,如品种"红灯"和"美早","福晨"和"布鲁克斯",可适当采用"黑珍珠""拉宾斯"等自花结实品种做授粉。

2. 维持健壮的树势

保持树势稳定,不旺不衰,当年新梢长度在60 cm左右为宜。

3. 控制花期温度

花期温度过高,风力过大影响授粉过程,对于设施栽培,需要控制花期温度在16~18 ℃,不能超过20 ℃。

4. 借蜂授粉

采用蜜蜂或壁蜂授粉,生产中应用最多的是角额壁蜂。它具有春季活动早、活动温度低、适应性强、活泼好动、采花频率高等优点,一般在花前1周释放,每亩放蜂量

200 头。

5. 应用植物生长调节剂

对于建园品种单一果园,和花期温度高的局部地区,可采用以赤霉素为主要成分的植物生长调节剂处理,目前樱桃研究所在提高露地大樱桃坐果率方面,已经筛选出适宜的生长调节剂配方,目前处于大田试验阶段。

### 7.2.14　大樱桃覆草作用

樱桃园内覆草一年四季都可进行,但最好在雨后或灌水后进行。一般将草均匀撒到树冠下(树干周围 0.5m 内不覆草),厚度以 20~25 cm 为宜,草腐烂后要及时补充。覆草后要斑斑点点压些土,不要把草翻入地下,以免伤根。

(1)覆草可减少水土流失,减少地面水分蒸发,保持土壤湿度的相对稳定。据测试,覆草园比清耕园的土壤含水量高 70%,特别是急雨和阵雨时,可增加土壤吸水能力,有效地防止土壤和养分的流失。

(2)覆草可提高冬季地温,降低夏季地温,促进土壤微生物的活动,增加土壤团粒结构,增加土壤有机质含量,减轻采前裂果。据试验,覆草 5 年的果园,地表 15 cm 以内土层中直径 1 mm 以上的团粒增加 10.2%,有机质含量提高 1.0%~1.1%。同时,土壤中的有效氮、磷、钾、钙、镁等元素含量都增加了 2~3 倍。

(3)覆草可提高结果枝叶片数量和花芽数量。试验表明,覆草的树的结果枝平均叶片数比对照多 1 片,当年形成结果枝上的花芽数多 1~2 个,而且叶片显得厚。

(4)覆草后果树可以充分利用肥沃表土,扩大根系分布范围,并将水、肥、气、热、微生物五大肥力因素最不稳定的表土变成了生态最适稳定层。这对地下水位高、底土板结以及土层浅的山地果园尤为实用。覆草后吸收根增加多倍,生根区集中、级次高、生长势强。

(5)覆草后可提高坐果率和单果重。覆草的大樱桃,短果枝和花束状短果枝,花朵坐果率比对照树高 24.1%~27.2%,单果重比对照树多 0.9%。

(6)防止杂草生长,节省除草用工,防止土壤泛盐。

## 7.3　2018 年五莲县大樱桃减产的气象原因分析

2018 年五莲县大樱桃在花期、果实膨大期和成熟期遭受不同程度的恶劣天气影响,减产 70%~80%,给果农造成巨大损失。作者对 2018 年五莲县大樱桃花期、果实膨大期和成熟期的不利气象条件分别进行了统计、分析,并提出可行的灾害防御措施。

### 7.3.1　花期不利气象条件分析

2018 年五莲县大樱桃花期先后遭受了低温冻害、大风和降水。经调查,五莲县松柏镇百果谷樱桃园和户部乡大马安樱桃园,因低温冻害导致 10%~20%大樱桃花蕊无法正常完成授粉,因连续 7 d 出现 5 级以上大风导致 10%～20% 大樱桃花蕊无法正常完成授粉,因花期降水导致 5%～10% 大樱桃花蕊无法正常完成授粉(表 7.1)。

1. 低温冻害

大樱桃在早春气温回升时开花,当遇到早春寒潮、低温冻害时,气温突降,常造成雄、雌蕊、花瓣、花萼、花梗受冻,授粉率降低,造成减产,甚至绝产。

大樱桃开花期适宜温度为 15 ℃,显蕾后抗寒力降低,花蕾期发生冻害的临界温度为 1.7 ℃,在－3 ℃以下持续 4 h 花蕾均会受冻。花期受冻,易导致雌蕊、花柱冻伤,甚至冻死;花蕊干枯、脱落。2018 年五莲县大樱桃初花期为 4 月 1 日,盛花期为 4 月 4 日,落花期为 4 月 9 日。4 月 3—9 日五莲县连续 7 d 出现倒春寒天气,最低气温分别为 5.0 ℃、2.1 ℃、1.3 ℃、0.3 ℃、－0.3 ℃、0.2 ℃、0.2 ℃,这次倒春寒天气持续时间长、强度大,且正值露天大樱桃盛花期,使花蕊遭受不同程度的冻害。街头、松柏、洪凝、叩官、九仙山等地为樱桃主要种植区,均遭受春季晚霜影响,影响授粉和坐果。

表 7.1　五莲县 4 月 3—9 日大樱桃花期各站逐日
最低气温(℃)、极大风速≥5 级统计表(m/s)

| 站名 | 4月3日 | | 4月4日 | | 4月5日 | | 4月6日 | | 4月7日 | | 4月8日 | | 4月9日 | |
|---|---|---|---|---|---|---|---|---|---|---|---|---|---|---|
| | 气温 | 风速 | 气温 | 风速 | 气温 | 风速 | 气温 | 风速 | 气温 | 风速 | 气温 | 风速 | 气温 | 风速 |
| 汪湖 | 6.3 | 12.7 | 4.0 | 13.6 | 3.4 | 9.0 | 1.7 | 23.4 | 2.5 | 15.1 | 7.7 | 13.6 | 5.3 | 9.0 |
| 许孟 | 7.1 | 10.2 | 4.3 | 11.7 | 3.9 | 8.0 | 2.2 | 17.0 | 2.0 | 13.7 | 6.9 | 15.8 | 5.7 | 8.0 |
| 街头 | 7.4 | 14.8 | 4.6 | 16.2 | 3.4 | 10.7 | 2.3 | 18.5 | 2.6 | 12.2 | 2.6 | 12.2 | 2.8 | 10.7 |
| 潮河 | 8.3 | 13.4 | 5.5 | 14.2 | 3.9 | 11.4 | 1.0 | 20.0 | 3.5 | 14.2 | 0.2 | 16.5 | 0.2 | 11.4 |
| 洪凝 | 6.4 | 11.9 | 3.7 | 13.3 | 2.9 | 8.8 | 0.3 | 22.1 | －0.3 | 14.6 | 7.3 | 17.1 | 9.2 | 8.8 |
| 九仙山 | 5.0 | 11.9 | 2.1 | 11.5 | 1.3 | 9.8 | 2.2 | 22.7 | 1.2 | 14.8 | 8.9 | 20.3 | 7.3 | 9.8 |
| 中至 | 6.6 | 11.0 | 4.1 | 12.3 | 3.6 | 9.0 | 2.0 | 20.4 | 0.6 | 16.1 | 6.3 | 12.9 | 6.9 | 9.3 |
| 户部 | 6.8 | 16.1 | 4.1 | 16.2 | 2.6 | 14.3 | 3.0 | 24.7 | 3.4 | 18.5 | 7.9 | 13.4 | 6.8 | 14.3 |
| 石场 | 5.6 | 11.7 | 2.9 | 12.5 | 2.2 | 9.0 | 1.8 | 19.8 | 1.3 | 15.5 | 8.4 | 15.5 | 8.4 | 8.5 |
| 于里 | 6.2 | 12.5 | 3.4 | 13.8 | 3.1 | 9.0 | 2.5 | 17.5 | 0.4 | 11.8 | 7.5 | 13.1 | 6.6 | 9.0 |
| 高泽 | 6.8 | 10.4 | 4.1 | 13.2 | 3.7 | 9.2 | 2.4 | 17.4 | 1.0 | 10.4 | 7.1 | 14.2 | 6.3 | 9.1 |
| 松柏 | 5.8 | 11.2 | 2.8 | 12.5 | 2.2 | 9.0 | 1.8 | 19.8 | 1.3 | 15.1 | 6.3 | 18.8 | 7.1 | 9.4 |
| 叩官 | 7.9 | 14.2 | 5.1 | 13.7 | 3.8 | 11.7 | 2.8 | 20.9 | 4.6 | 14.5 | 1.4 | 18.8 | 2.9 | 11.7 |
| 县城 | 6.9 | 9.6 | 4.1 | 10.5 | 3.6 | 7.8 | 3.5 | 18.0 | 2.1 | 12.8 | 9.4 | 16.1 | 8.5 | 11.5 |
| 全县最低 | 5.0 | 14.8 | 2.1 | 16.2 | 1.3 | 14.3 | 0.3 | 24.7 | －0.3 | 18.5 | 0.2 | 20.3 | 0.2 | 14.3 |
| 全县平均 | 6.6 | 12.3 | 3.9 | 13.1 | 3.1 | 9.8 | 2.0 | 20.3 | 1.9 | 14.2 | 6.1 | 15.6 | 5.8 | 10.0 |

2. 大风

春季是五莲县大风天气多发季节,大樱桃花期静风或微风不利于授粉,2~4 级风有利于花蕊传粉,提高受精质量,5 级以上大风易产生折枝、落花现象,易吹干花蕊柱头上的黏液,影响昆虫活动,降低授粉率。4 月 3—9 日倒春寒天气期间,五莲县连续 7 d 出现 5 级(风速≥8.0 m/s)以上大风,其中 4 月 6 日盛花期全县极大风速为24.7 m/s(达 10 级),对大樱桃授粉极为不利,影响坐果率。

3. 降水

大樱桃花期干旱或水分过多均会引起落花。如果空气非常干燥,湿度过低,会缩短花期,授粉受精不良,坐果率降低。花期低温、多雨不利于昆虫传粉,导致授粉受精不良。一般一朵花开放 3 d,其中第一天授粉坐果率最高,4 月 5 日正值大樱桃盛花期,当天全县出现低温、大风天气的同时降小雨,降水量 3.6 mm,使大樱桃授粉更加不利。

### 7.3.2　果实膨大期不利气象条件分析

五莲县 2018 年大樱桃果实膨大期为 4 月 10 日—5 月 10 日,期间出现降温和大风天气,使大樱桃产量受到影响。

1. 低温冻害

大樱桃果农有句俗语"冻花结仁,冻果结俩",意思是幼果受冻减产比花期受冻减产程度更大。大樱桃坐果期的适宜气温为 15~25 ℃,当气温低于 3 ℃,樱桃幼果易受冻、形成畸形果,或发生落果,影响坐果率,导致减产。4 月中旬正值五莲县大樱桃坐果期,4 月 14 日、4 月 16 日、4 月 17 日全县最低气温分别为 2.8 ℃、−0.3 ℃、0.9 ℃,幼果受冻,尤其是大樱桃种植重镇叩官镇受冻最为严重,据调查该镇 70%处于低洼地段的大樱桃受冻,导致大樱桃减产 15%左右。

2. 大风

大樱桃幼果果柄承受能力脆弱,遇大风天气极易被吹落。2018 年大樱桃果实膨大期大风天气频发(表 7.2),导致落果严重,影响产量。4 月 10 日九仙山极大风速高达 23.2 m/s(风力 9 级),附近的叩官、松柏等樱桃种植重镇均出现 5 级以上大风,导致不同程度落果。4 月 23—24 日、5 月 2—3 日户部乡两次出现连续 2 d 7 级以上大风,大樱桃落果严重,落果率为 10%左右。

表 7.2　五莲县 2018 年大樱桃果实膨大期、成熟期≥5 级风力情况(单位:m/s)

| 站名 | 4 月 10 日 | 4 月 11 日 | 4 月 23 日 | 4 月 24 日 | 5 月 2 日 | 5 月 3 日 | 5 月 16 日 |
|---|---|---|---|---|---|---|---|
| 汪湖 | 14.0 | 11.3 | 13.5 | 13.1 | 16.2 | 11.7 | 21.8 |
| 许孟 | 15.4 | 10.5 | 11.5 | 13.3 | 12 | 12.2 | 15.4 |
| 街头 | 13.5 | 9.1 | 14.3 | 13.2 | 14.1 | 15.4 | 13.4 |
| 潮河 | 14.2 | 8.5 | 12.3 | 14.4 | 13.2 | 15.5 | 13.9 |

| 站名 | 4月10日 | 4月11日 | 4月23日 | 4月24日 | 5月2日 | 5月3日 | 5月16日 |
|---|---|---|---|---|---|---|---|
| 洪凝 | 16.3 | 10.3 | 11.9 | 15.9 | 12.9 | 19.1 | 14.8 |
| 九仙山 | 23.2 | 12.4 | 11.4 | 15.2 | 14.8 | 14.3 | 19.1 |
| 中至 | 12.4 | 8.2 | 12.4 | 12.9 | 12.0 | 11.5 | 15.7 |
| 户部 | 12.8 | 12.1 | 17.3 | 19.4 | 18.9 | 17.4 | 19.2 |
| 石场 | 13.2 | 11.8 | 11.7 | 13 | 12 | 11.9 | 14.2 |
| 于里 | 13.3 | 9.9 | 14.9 | 12.7 | 13.3 | 12.4 | 19.4 |
| 高泽 | 14.9 | 8.1 | 14 | 14.4 | 12.4 | 13.5 | 17.9 |
| 松柏 | 14.6 | 10.5 | 14.4 | 15.3 | 13.9 | 13.0 | 21.5 |
| 叩官 | 12.1 | 11.5 | 14.3 | 14.6 | 14.6 | 17.1 | 17.4 |
| 县城 | 15.3 | 9.2 | 11.6 | 13.5 | 13.6 | 12.9 | 12.8 |
| 全县极大 | 23.2 | 12.4 | 17.3 | 19.4 | 18.9 | 19.1 | 21.8 |
| 全县平均 | 14.6 | 10.3 | 13.4 | 14.4 | 13.9 | 14.2 | 17.2 |

### 7.3.3　大樱桃果实成熟期不利气象条件分析

2018年5月中下旬,五莲县高温、连阴雨天气较多,此时正值大樱桃成熟期,造成大樱桃果实成熟期较往年缩短10 d左右,减产10%～15%。

**1. 频繁降水**

成熟期大樱桃遇到连续降雨或暴雨,土壤含水量剧增,果肉细胞吸水膨大,果实膨压增加,引起表皮胀裂,裂口极易侵染病菌,造成裂果(图7.1)、烂果。降雨使得成熟的大樱桃难以按期采摘,且淋雨的大樱桃采摘后不易储藏,容易腐烂,果实口味变

图7.1　2018年5月27日五莲县户部乡马鞍村甜樱桃裂果

淡,果实品质降低,影响果实效益。2018 年大樱桃成熟期接连遭受 5 天明显降雨天气(见表 7.3),成熟期总降水量 104.6 mm,较历年同期降水量偏多 62.0 mm,为历年同期降水量的 2.5 倍。其中 5 月 16 日全县普降暴雨,局部大暴雨,给成熟期大樱桃带来极大危害;5 月 22 日全县普降中到大雨,大樱桃再次遭受强降雨侵袭,5%～10%果实出现裂果、烂果,减产严重。

表 7.3　五莲县 2018 年大樱桃成熟期降水统计表(单位:mm)

| 站名 | 5 月 11 日 | 5 月 16 日 | 5 月 17 日 | 5 月 20 日 | 5 月 22 日 | 合计 |
|---|---|---|---|---|---|---|
| 汪湖 | 1.9 | 57.0 | 2.2 | 5.6 | 25.3 | 92 |
| 许孟 | 2.7 | 80.0 | 6.1 | 4.7 | 24.8 | 118.3 |
| 街头 | 8.0 | 29.4 | 3.9 | 4.2 | 25.0 | 70.5 |
| 潮河 | 7.4 | 47.5 | 8.0 | 3.5 | 24.4 | 90.8 |
| 洪凝 | 1.7 | 12.2 | 0.2 | 4.5 | 22.7 | 41.3 |
| 九仙山 | 4.5 | 37.2 | 1.1 | 3.4 | 21.4 | 67.6 |
| 中至 | 0.8 | 113.6 | 0.3 | 4.4 | 21.6 | 140.7 |
| 户部 | 8.4 | 89.1 | 5.2 | 5.2 | 25.2 | 133.1 |
| 石场 | 7.5 | 48.5 | 5.5 | 4.0 | 24.6 | 90.4 |
| 于里 | 1.5 | 119.4 | 18.1 | 6.1 | 22.4 | 167.5 |
| 高泽 | 2.4 | 93.6 | 0.2 | 4.3 | 21.9 | 122.4 |
| 松柏 | 8.6 | 72.9 | 2.6 | 4.3 | 23.4 | 111.8 |
| 叩官 | 9.3 | 61.4 | 2.9 | 5.6 | 24.2 | 103.4 |
| 县城 | 6.9 | 81.8 | 0.2 | 4.1 | 21.4 | 114.4 |
| 最大 | 9.3 | 119.4 | 18.1 | 6.1 | 25.3 | 178.2 |
| 平均 | 5.1 | 67.4 | 4.0 | 4.6 | 23.5 | 104.6 |

### 2. 高温

樱桃成熟期白天适宜气温 22～25 ℃,夜间 12～25 ℃,保持昼夜 10 ℃温差,有利于果实着色。气温大于 30 ℃,会缩短成熟期,使得果实提前成熟,影响品质。5 月 11日五莲县平均最高气温 15 ℃,5 月 12—14 日气温急速上升,最高气温分别为22.8 ℃、28.9 ℃、30.9 ℃,4 天连续日升温幅度为 7.8 ℃、6.1 ℃、2.0 ℃,升温幅度大、气温高导致大樱桃果实迅速膨大,肉质不够紧密,口感变差,大樱桃成熟期缩短,3天时间全县大樱桃普遍成熟,不利于销售、储藏。往年不同品种错季成熟,采摘季前后持续 1 个月,2018 年仅持续 15 天左右就提前结束。

### 3. 大风

成熟期大樱桃果实发育饱满,单果重 8～15 g,遇大风天气果实容易从果柄上脱落。5 月 16 日五莲县出现大风、暴雨天气,全县最大风速 21.8 m/s(达 9 级),九仙山、户部、松柏、叩官等樱桃重镇均出现 7 级以上大风(全县各站点极大风速见表7.2),使成熟期大樱桃大量落果,落果率达 15%～20%。

### 7.3.4 灾害防御措施

1. 防倒春寒

主要有三种方式:一是用树叶、稻草等覆盖果园;二是当实测温度下降接近 0 ℃(一般在 2～3 ℃)时,可点燃发烟剂(秸秆、杂草等),形成浓烟,使霜冻难以形成;三是低温到来前,向果园灌水或淋水,增大热容量,提高空气湿度,利于防霜。

2. 防裂果

叶面喷施糖醇含量 100 g/L 的糖醇钙水剂,增加大樱桃细胞壁厚度,防止裂果,增甜着色。也可架设简易防雨棚,用 4 cm 粗的钢管,一行树一拱,固定好塑料膜,果实膨大期掌握少灌勤灌原则,适时灌水,及时排水,避免土壤水分含量急剧变化。

3. 提高坐果率

花期采用蜜蜂或壁蜂授粉,其中角额壁蜂具有适应性强、活泼好动、采花频率高等优点,应用最多。一般在开花前 1 周释放,每亩放蜂量 200 头左右。

4. 防大风

在樱桃园最多风向的上风口栽植防风林,方向与风损方向垂直,宽度 8～10 m为宜,防风林保护范围约为防风林高度的 20 倍,降低风速,提高果园温度和湿度,减少晚霜和低温对大樱桃的危害。大风天气过后,在未被吹掉的花朵上进行人工授粉,或者选择授粉药,提高授粉率。

5. 防冬季低温

11 月末至 12 月初大樱桃树浇封冻水,可采取畦灌和树盘灌,树盘灌水能保证水分吸收充足,同时节约用水,采用广泛。

# 第 8 章　五莲县冬小麦灾害防御技术

## 8.1　五莲县冬小麦灾害防御

### 8.1.1　干旱的防御

长期无降水或降水偏少,可造成空气干燥、土壤缺水,从而使作物种子无法萌发出苗,正常生育的作物体内水分亏缺,影响正常生长发育,最终导致产量下降甚至绝收的气候现象。五莲县冬小麦生长期内常有冬旱、春旱和初夏旱。防御措施有:

(1)根据年型,选用适宜品种。每年 9 月底、10 月初根据年、季气候预测结果,决定是否选用耐旱品种。灌溉条件好的地区或地下水位较低的地区则可选用水肥需求量大的高产小麦品种。

(2)灌足底墒水。土地翻耕前如果土壤相对湿度小于 80%,且未来一段时间无明显降水,有条件的地区就应灌溉底墒水,使 100 cm 土层土壤相对湿度达到 85% 以上。充足底墒使 100 cm 深土层有效蓄水达到约 200 mm 以上,可满足冬小麦全生育期约 45%~53% 的耗水需求。

(3)增肥土壤,以肥调水。增施有机肥,改善土壤团粒结构,提高土壤保水性能;增施磷肥,达到以磷促水、以根调水的目的。

(4)深耕。深耕打破犁底层,可降低地温,减小土壤容重,增加降水渗透深度和土壤蓄墒。

(5)返青、拔节期进行有限灌溉。通过对土壤水分的实时监测和小麦生长状况的系统监测,综合考虑未来天气状况,利用土壤水分预报模型,根据有限灌溉指标(返青拔节期土壤相对湿度是否低于 55%)进行灌溉决策。小麦常采用的节水灌溉方式有:喷灌、滴灌、间歇灌、长畦分段灌和小畦田灌溉等。

(6)拔节、灌浆期喷施防旱抗旱剂。常用的防旱剂有"SA 型保水剂""FA 旱地龙""多功能防旱剂"等。

(7)生长后期喷施防干热风制剂。目前防御干热风的简便有效途径是喷施的磷酸二氢钾、草木灰浸出液等制剂,可提高小麦抗旱或抗干热风的能力,促进小麦结实器官的发育,增强光合作用,减少叶片失水,加速灌浆进程。

### 8.1.2　雨涝与湿害的防御

包括9—11月的秋涝、夏收夏种时的初夏涝、播种期和幼苗生长期雨水过多、土壤湿度过大造成苗期湿害。麦田湿害的形成,根本原因是多雨造成土壤水分过多,产生"三水"(地面水、浅层水、地下水)的危害,特别是浅层水的危害更重,是出现湿害的直接原因。因此,治湿的中心是治水,促使土壤水气协调的作法都是防御小麦湿害的有效措施。雨涝与湿害防御措施主要有:

(1)田内"三沟"配套,排除"三水",整地播种阶段起好田内"三沟"(厢沟、边沟、腰沟),为了提高播种质量,保证全苗壮苗,一定要做到先起沟后播种。

(2)通过合理的作物布局和作物内部的品种布局,加深耕作层,增施有机肥和磷肥,中耕松土,生物措施改土培肥等办法,调节土壤墒情,促进根系发育。

(3)选用耐湿性较强的品种,增强小麦本身的抗湿性能,是防御湿害、病害的内因条件。

(4)适当喷施生长调节物质,以延缓衰老进程,减轻湿害。

### 8.1.3　冻害的防御

冬小麦越冬期可以忍受一定强度的低温。一般冬季气温 $-10\ ℃$ 以上时小麦不会发生冻害死苗现象,但当气温进一步降低到麦苗不能忍受的程度时,部分麦苗就会受冻到致死。一般把小麦死亡10%称为开始死亡,50%左右为大量死亡;70%以上为毁灭死亡。强冬性品种一般为 $-16\ ℃$ 以下,中等抗寒品种为 $-13\sim-16\ ℃$ ,弱冬性品种为 $-12\ ℃$ 以下。

小麦冻害是植株抗寒性下降后遇不利越冬条件胁迫的结果,单一措施的效果是有限的,必须从提高植株抗寒性和改善越冬环境条件两方面着手,采取综合措施。提高播种质量培育冬前壮苗、抓好越冬保苗和早春抢救补救。合理布局包括品种、复种指数和种植制度的因地制宜。具体有以下措施:

1. 选用抗寒丰产品种

这是最省力和最节约的措施,但有一定难度。暖区和肥地对抗寒性可适当放低,高寒麦区和中低产地块仍应保证较强的抗寒性。

2. 适时播种

这是培育壮苗的关键措施。春性品种越冬期壮苗标准为:6叶1心,4～5个分蘖,半冬性品种7叶或7叶1心,7～8个分蘖(包括主茎)。

3. 适宜播深

应达2～3 cm,晚播麦也不宜浅于2 cm。过浅过深都不利于越冬。

4. 适时浇好越冬水

当耕层土壤相对湿度低于50%时应适时浇好越冬水,以达到底墒充足上虚下实的良好越冬环境。浇好的标志是地面无积水,入冬晚或突然封冻来不及浇越冬水的可在冬初晴暖时补墒。

**5. 冬季压麦糖麦**

干土层 3 cm 以上或出现坷垃裂缝时可用树枝耙磨再用石滚压麦,可减轻风袭失墒和稳定地温。注意不要在地冻得最硬时压麦以免造成机械损伤,严冬期可在中午前后进行。

**6. 早春对受冻麦苗的补救**

冻害监测中需要及时了解的气象资料主要是:冬前积温、出苗初有无 18 ℃ 以上连续高温、入冬有无剧烈降温及其降温幅度、冬季负积温、冬季降雪量、早春稳定通过 0 ℃ 日期、有无倒春寒等。要根据冻害监测的结果有针对性地进行。

(1)冬旱麦田:及早补墒或压麦提墒使分蘖节吸收水分恢复膨压。

(2)受冻旺苗。尽早用铁丝耙子狠搂除去枯叶,可减轻冻枯叶鞘对心叶的束缚,减少死蘖。切不可仍当作旺苗控制水肥,贻误时机。

(3)受冻弱苗。经不起折腾,吸收能力也差,过早浇水追肥事与愿违.必须浅松土提高地温,施优质有机肥和磷肥,等地温明显提高新根长出再浇水,追肥量应随植株长大逐渐增加。

## 8.1.4　霜冻的防御

晚霜冻出现越晚受害越重,又以拔节后 10~15 d,即雌雄蕊分化期抗寒能力最差。受冻后如急剧升温,细胞来不及恢复受害更重。发生霜冻后叶片呈水浸状,日出后霜化叶片呈暗绿色,萎蔫下垂,受冻轻的可部分恢复,受冻重的经日晒干枯发白。受害部位集中在叶尖或叶面向上部分,但强烈霜冻也可危害到基部茎节。幼穗受冻后有时外表看不出受害症状,抽穗后才发现穗干缩畸形缺粒,对产量影响很大。防御措施主要有:

(1)霜前灌溉可稳定地温,提高土壤表面最低温度 2 ℃ 以上。

(2)冬小麦避免采用冬性弱的品种以防止过早拔节。

(3)对春季旺长的麦苗在返青起身期镇压以控制徒长。

(4)增施磷钾肥有提高抗寒性的作用。

(5)在最低温度出现前不久进行人工燃烧湿柴草熏烟或施放化学发烟剂形成烟幕,可提高近地气层温度和防止日出后升温过快。

(6)严重霜冻后尽管大量叶片枯萎,但大多数情况下还不是毁灭性灾害,不要急于毁种。即使主茎受害,基部分蘖还可以迅速萌生,及时浇水追肥仍可获得一定产量。

## 8.1.5　干热风的防御

发生干热风,持续高温,即使空气不干、风不大也会使小麦灌浆期缩短。小麦外表上并无明显受害迹象,但粒重明显下降。高温逼熟的防御措施与干热风基本相同。

防御措施主要有：

（1）采用早熟品种，适时早播促苗早发，争取早抽穗躲过高温。

（2）采用抗逆品种，通常叶片小而厚直立紧凑的较为耐旱耐热。

（3）通过增施磷肥、有机肥和苗期控水松土，促进根下扎，提高后期对干旱的抵抗力。

（4）氯化钙或复方阿司匹林拌种，可提高细胞渗透压和吸水力。

（5）控制密度和拔节后氮肥用量，防止后期贪青。

（6）扬花和灌浆初期喷石油助长剂（稀释 800～1000 倍，75 kg/亩），起身到孕穗喷 1～2 次磷酸二氢钾溶液可促进灌浆。

（7）灌浆中后期浇水，出现高温时适量喷灌效果更好。

（8）营造农田防护林可改善小气候，减轻林网内干热风的危害。

### 8.1.6　青枯的防御

灌浆中期有一段较高温，然后有 10 mm 以上降雨并伴随较强降温，雨后不久出现 30 ℃以上高温，小麦不适应这一急剧变化，叶片和茎秆脱水，青枯死亡，而后扩展到全株。降温幅度越大，雨量越大，雨后升温越猛，受害越重。青枯是对小麦粒重影响最大的灾害，严重的可下降一二成。一般发生在成熟前 20 d 以内，尤以成熟前 7～10 d 最严重，这时小麦的生命力已较衰弱，对外界不利条件的抵抗力差。青枯发生时首先穗下节由青绿变为青灰色，接着顶部小穗枯萎，炸芒，颖壳发灰白。籽粒瘦秕，粒重很低，出粉率也明显降低。防御措施主要有：

（1）高温天气一般出现在灌浆后期，适时早播和春季管理促早发争取提早抽穗，有利躲过高温危害。

（2）采用早熟和后期灌浆快、抗青枯的品种。

（3）春寒年春追氮肥不能过晚，早春增施磷肥和控制氮肥总量。

（4）雨后出现高温时及时喷灌降温。

（5）喷洒乙烯利、黄腐酸铵、氯化钾等，促进养分转移。

### 8.1.7　倒伏的防御

小麦易倒伏主要发生在抽穗期和乳熟末期，浇水或下中雨后有五六级风可能造成部分倒伏。雨强和风力越大，倒伏越重。倒伏后的小麦一般要减产 1～4 成，倒伏越早，损失越大。防御措施有：

（1）选用矮秆和茎秆韧性强的品种。

（2）提倡随土壤肥力提高适当降低播量，以分蘖成穗为主，增强抗倒能力。

（3）增施磷肥和早春松土促进根系发育，增施钾肥可增强茎秆韧性。

（4）拔节前控制水肥防止中部叶片过大和基部节间过长。

（5）灌浆中后期浇水要避开风雨天气，高产田可选择风小的后半夜到上午浇水。

高产田可采取间歇喷灌的办法,即每喷三十分钟停十多分钟使植株上的水分下落后再喷。

### 8.1.8　雹灾的防御

雹灾常对所经过局部麦田造成毁灭性打击,轻者掉粒撕叶,重者折断打烂。防御措施主要有:

(1)当冰雹云迅猛发展之时进行人工消雹作业,有可能使该冰雹云不降雹而降雨。

(2)发生冰雹灾害后要对灾情及时评估,根据受害程度决定采取立即改种或是加强管理争取较好收成。

## 8.2　小麦主要病虫害及其防治措施

### 8.2.1　条锈病

#### 1. 发生条件及危害

条锈病在五莲县属易发病虫害,流行年份可减产 20%～30%,严重地块甚至绝收。条锈病在五莲盛发期为 4—5 月上旬,所处生育期:拔节、抽穗、灌浆期。

气象条件的影响:条锈病一般不能越冬,主要为外来病源。冬季气温偏高,土壤墒情好或冬季积雪时间长,次年 3—5 月降雨多,尤其是早春 1 个月左右的降水多于常年,晚春病害可能大流行或中度流行。

#### 2. 防治措施

(1)防治药物一般用"三唑酮"("粉锈宁")粉剂或乳油,亩用量150～200 g。也可用"敌力脱"(25%乳油)或"富力脱"(12.5%乳油),亩用量"敌力脱"20～30 ml,"富力脱"30～40 ml,打一次可持效 30 d 左右。

(2)施药方法:由于小麦条锈病的病原菌主要着生在小麦叶片的背面,故喷药时应以叶片为主,为提高药液在叶面的黏着力,可在配药液时加少量洗衣粉,与药液充分搅匀后喷雾。

### 8.2.2　白粉病

#### 1. 发生条件及危害

发生白粉病后,被害麦田一般减产 10%左右,严重地块减产 20%～30%,个别地块甚至 50%以上。白粉病盛发期为 4—5 月上旬,小麦此时处于拔节、抽穗、灌浆期。

气象条件的影响:冬季和早春气温偏高,始发期就较早,0～25 ℃均可发生,15～20 ℃为最适温度,10 ℃以下发生最缓慢,25 ℃以上病情发展受到抑制;潜育期 4～6 ℃时 15～20 d,8～11 ℃为 8～13 d,14～17 ℃为 5～7 d,19～25 ℃为 4～5 d。

温度和降水对病害的影响比较复杂,一般来说,干旱少雨不利于病害发生,在一定范围内,随相对湿度增加病害会逐渐加重。空气湿度有利于病菌孢子的形成和侵入,但湿度过大、降水过多则不利于分生孢子的传播。

2. 防治措施

(1)种植抗病品种。

(2)合理密植,合理施肥。

(3)药物防治。药物防治主要是在秋苗发病重的地块采用药剂拌种,或者在春秋季,田间发病率 3%～5% 时进行药剂喷雾。

### 8.2.3 纹枯病

1. 发生条件及危害

纹枯病对产量的影响较大,一般使小麦减产 10%～20%;严重地块减产 50%;个别地块甚至绝收,近年来有逐年加重的趋势。纹枯病盛发期为 3—4 月上旬,所处生育期:返青、拔节。

气象条件的影响:冬前高温多雨有利于发病,春季气温已基本满足纹枯病发生条件,湿度成发病的主导因子。3—4 月上旬的雨量与发病程度密切相关。砂壤土地区重于黏土地区。小麦播种以后,发芽时若受到病菌侵染,芽鞘变褐,最后腐烂枯死。暖冬年早播麦受害,在出苗后几天内便可造成黄苗、死苗。拔节后病株率明显上升;小麦孕穗抽穗期病情迅速发展,扬花灌浆期病株率达到高峰,病斑扩大,相互连成典型的花杆症状,烂茎,致使主茎和大分蘖不能抽穗,形成"枯孕穗",有的抽穗后成为枯白穗、结实少、籽粒秕瘦。

2. 防治措施

(1)加强抗、耐病品种的选育和推广。目前尚无高抗纹枯病品种,但是选用当地丰产性能好、抗(耐)性强的或轻感病的良种,在同样的条件下可降低病情 20%～30%,是经济易行的控病措施。

(2)农业防治。及时排除田间积水,降低田间湿度。实行合理轮作,减少播量,控制田间密度,改善田间通风透光条件。

(3)药剂防治。小麦纹枯病的药剂防治应以种子处理为重点,重病田要辅以早春田间接力喷药,可采用两种防治模式,有效控制该病为害。对于种植感病品种和早播发病重的麦田,秋播时用"粉锈宁"拌种;如果病虫同时发生可采用与防治麦蚜、黏虫的农药混用,可达到兼治目的。

### 8.2.4 赤霉病

1. 发生条件及危害

小麦赤霉病多发生在小麦穗期湿润多雨的季节。盛发期为 4—5 月,扬花期遇连阴雨天气或持续高湿天气将偏重发生。

气象条件的影响:充足的菌源,适宜的气象条件与小麦杨花期相吻合,就会造成赤霉病流行;前期主要是影响接种体的产生,后期主要影响原菌的侵入、扩展和发病。气温不是决定病害流行程度变化的主要因素,小麦扬花期的降雨量、降雨日数和相对湿度是该病流行的主导因素,其次是日照时数。小麦抽穗期以后降雨次数多,降雨量大,相对湿度高,日照时数少是构成穗腐发生的主要原因,尤其开花到乳熟期多雨、高温,穗腐严重。

2. 防治措施

(1)深耕灭茬。

(2)选用抗耐避病品种。

(3)药剂防治是赤霉病防治的关键。由于气候条件不同,麦株抽穗扬花时期和快慢亦有不同,故施药日期、次数要根据当地气候变化和小麦生育期变化而灵活掌握。施药的时间原则:在抽穗期间天晴、温度高,麦子边抽穗边扬花,在始花期(扬花10%～20%)施药最好。抽穗期低温、日照少,麦子先抽穗后扬花,在始花期(10%扬花)用药。抽穗期遇到连阴雨,应在齐穗期用药。要抓住下雨间隙时机进行用药。

### 8.2.5　麦长管蚜

1. 发生条件及危害

五莲县年降水量 740 mm 左右,1 月平均温度 $-1.4$ ℃,多发生麦长管蚜。盛发期:4—5 月,所处生育期:拔节、抽穗、灌浆。

气象条件的影响:麦长管蚜适宜温度范围 12～20 ℃,不耐高温和低温。通常冬暖、春旱有利于麦蚜猖獗发生,冬暖延长了麦蚜繁殖时间,增加了越冬指数;早春提早了麦蚜的活动期,增加了繁殖机会,可为蚜发生累积更多的虫源。春季持续干旱是麦二叉蚜猖獗发生的一个重要条件,春季雨水适宜,对麦长管蚜的种群扩增具有一定作用。雨水的冲击使蚜量显著下降,1 小时降水达 30 mm 的暴雨,伴随 9 m/s 的大风,雨后麦芽量下降 98.7%。

2. 防治措施

(1)选载抗病耐蚜丰产品种、早春耙压,清除杂草。

(2)查好虫情,在冬麦拔节,春麦出苗后,当百株超过 500 头,天敌单位与蚜虫比在 1∶100 以上时,即需防治。在小麦黄矮病流行区,进行种子处理可防病治蚜兼顾,也可进行田间喷药。

# 第9章　山东茶区茶树冻害防御技术

## 9.1　背景介绍

　　山东自1966年实施"南茶北引"工程以来,已在日照、青岛、泰安、临沂等地大面积种植,冻害每年均有不同程度的发生,严重影响了茶树的成活率和生长势,导致茶叶减产甚至绝收,成为制约山东茶叶快速发展的主要因子。

　　山东茶区属于我国茶叶栽培的次适宜区,季风性气候明显,冬季干旱少雨,极端最低气温能达−21 ℃,极易造成茶树冻害,正如农谚"种茶容易,越冬难""小冻年年有,大冻三年冻两头""高产容易,稳产难"所言。为此,进行山东茶树冻害研究,总结形成防护技术,缓解和减轻茶树冻害非常重要。作者通过实地冻害调查,分析冻害成因,对影响茶树冻害的因子进行试验研究,查阅了50多年来的茶园冻害和相关气象资料,分别对气象、土壤、农艺、防护措施等因素进行系统分析,找出制约山东茶树冻害的原因,总结集成了一整套山东茶树安全越冬技术,制定了山东茶树越冬技术规程。

　　在边调查分析,边试验总结验证的基础上,开展多种形式示范推广,达到"小冻之年不减产、大冻之年能减缓",有效地缓解和减轻了山东省茶树冻害造成的损失。项目实施期间累计在日照、临沂、青岛等地推广面积达0.94万 hm²,并指导茶农将日照绿茶成功引种到内蒙古赤峰市,实现了当地种茶史上零的突破,取得了良好的经济效益、社会效益和生态效益,为山东茶产业可持续发展提供理论依据与科学技术基础。

## 9.2　农业技术原理

　　冻害调查采用五级调查法和四级调查法;取样方法为五点取样法或多点取样法:每点取1～5丛。对影响茶树冻害的关键因子和不同越冬防护措施分别进行试验。对1979年前部分资料通过调查经历当年茶树冻害的老茶人汇总分析获得;1979年以后资料由技术人员历年实地调查和试验获得。茶树冻害取决于茶树植株对外界环境的适应程度。根据不同的受害成因,茶树冻害分为冰冻、干冻、雪冻和霜冻。从山东茶区多年冻害因子分析,全省茶树冻害轻的年份多为一种冻害成因,而茶树冻害严重年份多为几种冻害因子共同发生。

## 9.3　技术方法要点

1966 年春,山东实施"南茶北引"工程,在日照、临沭、蒙阴、沂源四个县 10 个大队试种了 25 亩茶园。为了更好地分析茶树冻害成因,对自 1966 年茶树种植以来,山东茶区冻害程度进行了科学界定,把冻害造成一定区域内当年茶园春茶减产 30％的作为大冻害。按照这个标准,山东茶区先后经历 1969—1970 年,1973—1974 年,1976—1977 年,1979—1980 年,1983—1984 年,1986—1987 年,2002—2003 年,2007—2008 年,2009—2010 年,2010—2011 年,2012—2013 年,2015 年,2016 年,2017—2018 年,2018—2019 年共计 15 次大冻害。

### 9.3.1　山东茶区冻害类型

茶树冻害取决于茶树植株对外界环境的适应程度。根据不同的受害成因,茶树冻害可分为冰冻、干冻、雪冻和霜冻。从山东茶区多年冻害因子分析,山东省茶树冻害轻的年份多为一种冻害成因,而茶树大冻之年多为几种冻害因子共同发生。

### 9.3.2　推广茶树防冻品种

茶树品种很多,不同品种耐受低温程度不同,遇到寒冷冻害差异明显。通过对多个品种进行了引进、筛选,并进行了抗冻性试验与观测。

"南茶北引"初期,筛选出山东最适宜的茶树品种是与山东纬度最近的安徽的黄山群体和浙江的鸠坑种。通过对比试验,结果表明,在相同栽培条件下,黄山群体抗冻能力明显比贵州苔茶强。从安徽引进的黄山种、安徽祁门种抗寒性较强,浙江鸠坑种抗寒性也较强,而从其他省份引进品种抗寒性较差。

在山东茶园推广的抗冻性好的品种:黄山群体种、褚叶齐、鸠坑、龙井群体、台湾薮北种等。乌牛早茶树品种抗冻性中等,但易遭受倒春寒,不适宜在山东露地种植。

由于无性系品种具有高产优质、后代性状稳定等优点,得到越来越多茶农认可。有性系品种安徽黄山群体和浙江鸠坑种,无性系品种"浙农 113""浙农 117""龙井43""龙井长叶""福鼎大白茶"和"白毫早",在山东省表现较好,抗寒性较强。

### 9.3.3　推广防护林网防冻

防护林对促进茶树生长、提高茶树树势、增强茶树抗冻性有明显的效果,但防护林网的质量对茶园越冬的防护效果也有明显差异。防护林模式科学合理,防护效果好,否则效果差。防护林网能在林带高度的 10～15 倍内降低风速、增加空气湿度、调控空气温度,对茶树生长及越冬具有良好的效果。山东茶区成功的防护林网模式是由主林带和副林带组成的生态林网。主林带设在山脊、风口处和茶园西侧、北侧,种植乔木与灌木 4～6 行,一般由 2 行黑松加 3 行侧柏组成;副林带是主林带防护效果的补充,一般设在路边、渠道旁、地埂上,种植乔木、灌木 1～2 行,副林带一般由黑松、侧柏或蜀块组成。

2008年春进行冻害调查,图9.1左侧照片为临沂市临港区瞳林镇李家桑园茶园防护林用杨树遮挡,导致距离杨树近处茶树树势很弱,冬天杨树落叶,达不到防护效果,使茶树冻害更加严重。右侧照片为日照市岚山区后村镇皂户沟村茶园,防护林用蜀块树种,茶树长势强,冬季蜀块挡风效果好,茶园冻害较轻。

图9.1　2008年防护林网防冻效果对比

### 9.3.4　施肥防冻

个别茶农对茶树科学施肥认识不足。例如基肥施用过浅,引根上扎,造成茶树抗寒性差;追肥中采用"一炮轰"法,造成前期肥料浪费,后期茶树易脱肥,造成树势弱,抗冻性差;同时存在肥料单一,重化肥轻有机肥等很多问题。特别是近年来,在茶园的经济效益刺激下,许多茶农滥用赤霉素,茶树徒长,养分透支,打乱生理代谢平衡,从而导致茶树树势越来越差,抗寒性逐渐变弱,冻害程度明显高于未喷茶园。

根据试验调查,山东茶区基肥施用时间以白露—秋分最好。同时茶园施用基肥要做到"一早、二深、三足、四好"。一早指施用时间适当提前。二深指要适当深施,施肥深度以25～30 cm为宜。三足指基肥施入的数量要多,以每公顷施农家肥5.6 t或商品有机肥0.75 t。四好指基肥的质量要好。

追肥每年分4次追施,包括催芽肥、夏茶前追肥、三轮茶前追肥和四轮茶前追肥,施肥量分别占全年施肥量的40%、20%、20%和20%;同时氮(N)磷(P)钾(K)要合理搭配,幼龄茶园追肥N、P、K比例为2:1:1,成龄茶园追肥N、P、K比例为3:1:1。

### 9.3.5　浇水防冻

山东茶区浇水主要有返青水、肥后水、抗旱水、越冬水4种。返青水、肥后水、抗旱水主要用于茶树生长过程中对水分需求不足的及时补充;越冬水主要用于冬季保证茶树安全越冬。适时浇水对增强茶树树势和抗寒力效果明显,其中返青水对促进茶树生长、增强树势、减缓冻害程度有非常重要的作用。浇返青水要适时足量,一般在天气预报没有大寒流的情况下,于春分—清明时期浇水,才能达到理想的效果,浇水过早反而易造成茶树冻害。如 2010 年春山东茶树造成冻害后,许多茶园在 2 月下旬开始浇返青水,在当时气温刚刚有所回升的情况下浇返青水,遇到一场寒流,造成茶树冻害加重;浇水过晚起不到返青水的作用。如 2011 年春在茶树大冻害的情况下,日照碧波相加楼基地未浇返青水便进行修剪,结果造成修剪的茶树从枝梢剪口处继续干枯,达 5～7 cm。

肥后水是指茶树施完肥后要及时浇水,促进茶树对养分吸收,并划锄松土。9—10 月正值茶树生长关键时期,9 月下旬施用基肥后浇透水。10 月遇到干旱要控制水量,浇快水,浇透易使茶树恋青,影响茶树安全越冬。

浇越冬水的时间以立冬至小雪为宜。立冬前浇越冬水由于气温高,蒸发量大,遇到干旱冬季,茶树易受干冻。小雪后浇越冬水,气温低,茶树生理代谢变缓,茶树体内自由水多、束缚水少,易造成冰冻。立冬至小雪期间浇水,此时茶树吸收的水分参与生理代谢,成为束缚水,提高茶树抗冻性。

### 9.3.6　适时封园

合理采摘、适时封园不仅提高树势、增强抗冻性,还能确保翌年春茶产量。山东茶区一般于 9 月中下旬封园为宜。封园过晚,刺激新茶芽萌发,导致茶树恋秋,不利于茶树根部生长和营养储存,造成茶树树势衰弱,抗冻性差;封园过早,影响茶叶产量,如果肥水充足易导致茶树新梢徒长,消耗过多养分,不利于茶树抗冻。在山东茶区,须根据树势、树龄,实现合理采摘,要春季留鱼叶采、夏季留一叶采,秋季适量少采。封园时间以白露—秋分为宜。

图 9.2 为日照市东港区南湖镇许家庵村茶园,左图过早停采导致新梢徒长,枝梢冻害严重;右图据调查 10 月上旬还在采摘,导致茶树营养储存少,致使枝干受冻。

图 9.2　封园过早和过晚冻害对比

### 9.3.7　合理修剪

修剪不仅是培养树形、提高茶叶产量的重要措施,还是增加茶园通风透光,增强树势,提高茶树抗冻性的重要技术。

(1)幼龄茶园修剪

在山东茶区茶树幼龄期一般进行 2~3 次定型修剪。在调查中发现,定剪的时间和方法与茶树冻害密切相关。1 龄茶树利用保护地栽培的在霜降至立冬期实行一次性定剪,一般高度在 14~15 cm,避免灼伤,有利于茶树越冬;利用培土越冬的要进行 2 次修剪,于霜降至立冬期间在定剪高度部位提高 2~3 cm 进行 1 次修剪,有利于茶树培土和越冬,翌年春分后再进行标准定剪。

(2)成年茶园修剪

留养适中的茶树晚秋修剪,剪去了树冠上大部分叶片,使留养的叶片易受寒风冻害,加重叶片受冻程度;留养过度的茶园需要预留修剪,在翌年定剪高度部位预留3~5 cm,减少不必要的蒸腾拉力和养分消耗,增加茶树通风透光,有利于越冬管理与茶树防护。

(3)衰老茶园修剪

衰老茶园明显冻害发生较重,因为衰老茶树树势老化,生长枝瘦弱,生长势逐渐减弱,抗寒性降低,易造成冻害。根据茶树树势利用重修剪或台刈,剪去衰老枝,打破原有生长平衡,促进茶树萌发新的生产枝,增强树势,提高抗寒性。

图 9.3 为 2009 年 5 月 29 日在东港区北叶青茶园对衰老茶树进行重修剪,剪去"鸡爪枝",修剪深度 25 cm。2010 年春季冻害调查发现该茶园茶树冻害较轻。

图 9.3　衰老茶树重修剪越冬效果

### 9.3.8　设施栽培防护

设施栽培包括大拱棚、中拱棚、小拱棚。与行间铺植物秸秆、风障等防护措施相比,设施栽培投资大,防护效果最好。在各种拱棚中,以大拱棚防护效果最好,大拱棚空间大,温度相对稳定,避免了过高或过低温度的出现。其次是中拱棚,最差的是小拱棚。

拱棚的扣棚时间安排在小雪和大雪之间。扣棚过早,会导致茶芽萌发,易造成冻害;扣棚过晚,越冬芽易遭受霜冻。拱棚的撤除不宜过早,应掌握在 4 月下旬,根据拱棚大小、天气情况,先透风然后逐步撤除。近年来山东春季晚霜终霜日期呈现变晚趋势,2019 年 4 月 27 日、2020 年 4 月 22—24 日连续 2 年山东茶区出现大面积晚霜冻害,导致春茶受冻,越冬拱棚如撤棚过早,无法达到防御春季霜冻的目的。

图 9.4 左侧照片拍摄于 2009 年 3 月 27 日,地点位于日照市岚山巨峰镇常家庄茶园,左侧照片中刚撤除拱棚的茶树,冻害为 1 级,10 d 前撤除拱棚的两行茶树,冻害为 3 级;右侧照片拍摄于 2008 年 3 月 19 日,地点位于山东浮来青茶厂茶园,有些拱棚由于 3 月初被风刮破,导致茶树很多枝叶死亡。

图 9.4　撤棚过早影响防冻效果

### 9.3.9　地形地势防冻

地形地势影响茶园环境小气候,通过对高山丘陵、低凹地、不同坡向等茶园冬季冻害情况进行调查和对比分析,找出地形地势对茶树冻害影响的规律。

1. 山岭、低凹地茶园与冻害

在试验调查中发现山岭顶部茶园,以及丘陵茶园的冷空气过道处或有“回头风”侵袭的区域,比半山坡茶园易受冻害。山岭的上部茶园及冷空气过道处易受冻,其原因主要是由于该位置不仅冬季风大、极端气温低、冻土深度大,而且早春温度回升慢,容易受“倒春寒”的侵害。低洼地茶园冬季冷空气较易沉积,气温低于周围区域,较易使茶树受冻。所以在山区和岭地应避开顶部、冷空气过道和低洼处种植茶树。

**2. 茶园坡向与冻害**

为研究茶园坡向对冻害的影响,进行了针对性调查。

图 9.5 左侧照片拍摄于 2011 年 3 月 8 日,地点位于日照市岚山巨峰镇后黄埠村。由于茶园在山的南侧,且离山体近,所以在当年山东茶园遭受大冻害平均减产70%的情况下,该处茶园整体冻害较轻。右侧照片拍摄于 2011 年 3 月 10 日,地点位于日照市岚山碑廓镇丁家村附近,同样是无防护茶园,山的南边茶园冻害只有 5 cm左右,而面对风口的茶园冻害深达 35 cm。

图 9.5　背风向阳处茶园防冻效果对比

由调查结果可以看出,茶园坡向不同,茶园冻害明显不同。背风向阳处由于冬季气温高、风速小,能减轻空气对流对茶树水分的蒸发,所以冻害明显轻。在山东茶区茶园选址建园时须避开山岭顶部、冷空气过道和低洼的地方,选择背风向阳处种植茶树。

### 9.3.10　土壤质地防冻

从历次冻害调查看,茶树冻害不仅与地形地势有关,而且与土壤质地关系密切。山东省茶园土壤按质地可分为沙土、壤土和黏土三类。

**1. 沙土与壤土茶园抗冻性比较**

山东省沙土性茶园主要分布于低山中上部缓坡地,剥蚀强、土体薄、沙砾石多、水土流失严重,土壤保水保肥能力差,不利于茶树根系向深部发育,根系不发达,容易造成茶树冻害。壤土茶园多位于山前缓坡以下谷地,土壤为坡积及洪积的棕壤。其表层土壤疏松透气性好,腐殖质多,中层土壤为较厚黏土层,保水保肥性好,温度适中,适宜茶树根系发育,有利于茶树过冬。如日照市梭罗树、后黄埠、薄家口等茶园。

**2. 黏土与壤土茶园抗冻性比较**

黏土性茶园的特性正好和沙土相反。由于质地黏重,土壤通气透水性差,水多气少,养分分解转化慢,施肥后见效迟。

壤土表层疏松透气性好、腐殖质多、土层厚,更有利于茶园越冬。2010 年在日照市岚山区虎山镇四门口村黏土和高兴镇白云村壤土茶苗越冬情况调查,发现黏土茶园培土冬季易冻裂,茶苗干冻而死,壤土茶园培土茶苗能够安全越冬。可明显看出,种植于壤土的茶苗比黏土的茶苗冻害要轻。

### 3. 土壤疏松性防冻比较

疏松程度适中的茶园冻害程度一般较轻,板结的茶园冻土层深,茶树冻害程度严重。在相同质地条件下,疏松程度适中的茶园透气性好、保肥保水性能强,有利于根系生长,茶树树势强,特别在干旱的冬季能保湿保温,茶树冻害轻。相反,土壤板结的茶园,不利于保温保湿,茶园容易形成冻害。

## 9.3.11　培土越冬防护

"南茶北引"初期,为防止茶树冻害,从土培大白菜中受到启发,对于第一年实生茶苗进行培土越冬,效果良好,对不同质地、不同树龄、培土方式、培土时间分别进行了调查和对比试验。

### 1. 一龄茶园全培土防冻

在冬季用土将当年生茶苗覆盖,上面只留 1~2 片叶。幼龄茶园是否适合全培土越冬,由茶园土壤质地决定。通过对不同质地土壤培土试验,发现茶园全培土最适宜在壤土进行,沙土和黏土不适宜全培土。沙土茶园透气性强,不利于保温保水,易造成茶树阴干而死;黏土茶园透气性差,遇到降雨多时,湿度大易造成枝叶脱落或腐烂。壤土茶园透气性适中、保温保水,全培土茶树枝叶能保持鲜活度。对于沙土茶园,越冬防护效果半培土方式好于全培土方式;对于壤土茶园,越冬防护效果全培土方式好于半培土方式。在培土方式中,一次完成培土方式有培土时间不好掌握的问题,如果培土时间稍偏早,遇到气温相对高的天气,易导致叶片受闷热脱落;如果培土时间稍偏晚,培土后遇到低温天气,会导致茶树根部受冻。所以宜采用二次或三次培土方式,但是三次培土方式,由于时间跨度过长,培土开始和结束时间不易控制,所以一般应该采用二次培土方式,在第一次培土完成后 10~15 d 进行第二次培土,同时还应注意,如果第一次培土后茶树遇到冷空气叶片有受冻现象,应该待气温回升叶片恢复自然状态后,再进行第二次培土,如果叶片尚未恢复正常,培土后反而导致叶片腐烂脱落。

根据分析可以得出结论:全培土越冬培土时间易在小雪至大雪期间,并分两次进行,具体时间应结合当地的天气预报预测数据进行。冬季气温较高的年份,全培土时间应向后推迟,培土过早,因为土壤温度较高,造成茶树枝叶腐烂,降低了抗冻性。

在试验和调查中发现,要结合浇越冬水,先把茶行间土疏松并清理掉杂草、石块,然后进行培土。如果使用的土中有很多土块、杂草或石块,会导致冬季透气而冻伤茶苗。对于全培土越冬的茶园,撤土时间应该在 3 月中、下旬进行,过早易导致冻害,过晚易造成叶片脱落。退土要分 2～3 次进行,防止茶树枝叶遇到寒流受冻。

　　2. 幼龄茶园半培土防冻

　　1 龄沙土茶园和黏土茶园及 2 龄茶园实行半培土越冬,是实现茶树安全越冬的有效方法。采用半培土越冬,需要结合上面加盖一定的覆盖物进行。幼龄茶园越冬半培土覆盖稻草和玉米秸方式中,覆盖 3～5 cm 稻草的,由于透气性好,茶苗长势较好。经过多年的试验调查发现,茶园半培土并结合其他防护模式效果更好。如北面搭风障、土墙等。同时,采用半培土越冬的,春季应先撤除覆盖物,经过一段时间炼苗后,再撤除所培的土。

　　3. 行间铺草(膜)防冻

　　成龄茶园行间铺草是山东茶树越冬防护的成功经验。冬季行间铺草(膜)可以提高地温和保墒,减轻低温对茶树的伤害。冬季茶园铺草种类不同,防护效果不同。山东茶区成龄茶园冬季行间铺草越冬,在麦糠、长麦秸、花生壳、玉米秸四种材料中,以铺麦糠效果最好,其次是长麦秸和花生壳,最差是玉米秸。其中铺麦糠厚度以 5～10 cm 为宜。其原因是麦糠保水保温效果最好,由于玉米秸透气性太强,所以效果最差。铺草浅于 5 cm,达不到防冻效果;厚度超过 10 cm 时,冬季雨水多的年份,所铺的草与茶树叶片接触过多,吸水结冰后也使茶树叶片和枝干受冻;冬季雨水少的年份,所铺的草与茶树叶片接触后,会带走茶树叶片的水分,茶树叶片干枯,尤其在铺玉米秸的茶园更明显。

　　冬季铺膜,可提高 5 cm 地温 2～3 ℃,减少茶园土壤冬季水分蒸发,增加土壤含水量,减轻茶树冻害。

　　4. 搭风障防冻

　　冬季设置风障是山东茶园经常采用的一项防护措施。风障由于在茶行间创造了局部背风向阳的环境,可以起到挡风保温、减少水分蒸发的效果,明显减轻茶树冻害。小雪节气前后打风障引起冻害最轻,其次为立冬节气前后,最重为大雪节气前后。过早设置风障,造成茶棚内温度过高,茶芽部分萌动,冬季冷空气来临时枝叶受冻;过晚设置风障,茶树枝叶易受霜冻,影响翌年产量。

　　风障高出茶棚 20 cm,防冻效果最好,当风障高出茶棚 40 cm 时,防冻效果下降,因为风障过高,阻挡光线对后面一行茶树的照射,对后排茶树造成冻害。冬季防冻风障与茶棚的高度差应在 20 cm 左右。

## 9.4　服务与推广方法

　　当地分管农业副县长负责,气象局牵头与多部门联合开展科学研究,制定了一整套切实可行的防冻技术,得到日照市茶叶科学研究所、五莲县农业农村局的支持,由县气象局专家和农业农村局茶叶科专家合作,进行茶树防冻技术示范推广。

(1)县政府分管农业副县长组织召开现场会,成立茶叶专家工作站,县气象局专家同其他部门专家一起在茶树生长关键时期进行现场观摩,确保技术推广取得实效。

(2)五莲县气象局通过举办茶树冻害成因与防护技术交流会、智慧气象为农服务培训班、茶树各生长期直通式服务、印发技术材料和宣传彩页等多种途径,积极宣传推广茶树冻害防护技术。

(3)五莲县气象局将日照市富园春朝海洞天生态茶园打造为气象为茶树服务示范园区,推广使用茶树防冻技术,发挥示范茶园的辐射带动作用。

(4)为全县所有乡镇政府及部分茶叶龙头企业免费安装了智慧气象预警接收终端 21 部,安装直通式智慧气象预警终端 1 部,通过终端可以查阅实况、预警信息等资料,提高了茶园接收预警信息和查阅气象资料的能力。

(5)每年在茶树不同发育期分别制作专题气象服务材料,通过微信、微博、政府协同网、手机短信等方式发送到茶农手中,指导茶农根据气象条件科学管理茶园。

(6)开通了五莲气象官方微信、官方微博,建立了全县气象信息员群、全县智慧农业气象服务群、五莲县农技推广群、五莲茶叶交流群,遇到突发性关键性转折性天气第一时间在群里发送预报预警信息,同农业局茶叶专家采取线上、线下多途径交流或会商,共同推广茶树防冻实用技术。

## 9.5　推广效益和适用地区

### 9.5.1　推广效益

通过推广防冻技术中茶树抗寒品种、推广防护林网防冻、施肥防冻、茶园浇“四水”、适时封园、拱棚防冻等技术,提高了茶树越冬防护能力,缓解和减轻了茶树冻害造成的损失,经济效益和社会效益显著。2010 年至 2011 年指导五莲县茶农采用双层拱棚防护技术,抵御了内蒙古赤峰市－27 ℃低温严寒天气,将日照绿茶成功引种到内蒙古。2016 年 1 月 18 日至 26 日,五莲县连续多日出现罕见持续低温天气,1 月 24 日城区极端最低气温－16.7 ℃,乡镇最低气温－19.3 ℃,突破历史极值,给茶树带来严重冻害,加上自 2015 年 12 月至 2016 年 1 月降水较历年同期严重偏少,在干旱和低温双重影响下,全市茶树面临严峻考验。自 2017 年 10 月 19 日至 2018 年 3 月 3 日五莲县总降水量仅 7.4 mm,1 月 26 日极端最低气温－11.8 ℃,长时间持续少雨,不利于茶树安全越冬,4 月 4—7 日遭受倒春寒天气,出现春季晚霜,其中 4 月 7 日最低气温－2.2 ℃,正处于萌芽期的茶树嫩叶经受了霜冻危害。经评估,采用该技术的茶园亩收入达到 2 万余元,而未采取该技术造成茶树冻害的茶园亩收入不足 4000 元。2019 年 4 月 24 日五莲县气象局提醒公众 27 日部分地区有霜冻或轻霜冻,请茶农注意防冻,收到提醒后,多数茶园采取了防范措施,效益显著,其中富园春茶园收到预报结论后 4 月 24—26 日连续 3 d 雇佣民工采茶,在降霜前将 1000 多亩春芽采完,仅此 3 d 纯利润达 20 多万元,措施得力,效益明显。

### 9.5.2 适用地区

山东茶区全部茶园均面临越冬期冻害和萌芽期冻害风险,如果采用防冻技术措施,均会取得显著经济效益,该项技术适宜在山东茶区乃至北方茶区推广。

# 参考文献

孙俊宝,张未仲,李全,等,2017.中国大樱桃主要病虫害研究进展[J].中国农学通报,33(9):69-73.

许昌燊,等,2004.农业气象指标大全[M].北京:气象出版社.

杨恩海,2018.2018年临朐县露天大樱桃减产天气原因分析及对策[J].现代农业科技(12):
126-127.

杨菲云,等,2011.农业防灾减灾面对面[M].北京:中国农业出版社.

杨霏云,朱玉洁,郑秋红,2015.实用农业气象指标[M].北京:气象出版社.

于咏梅,李吉成,2016.烟台采摘型休闲农业游客满意度和参与行为研究[J].农学学报(11):90-94.

张玲,张德刚,于贵军,2018.沂水县露天大樱桃高产优质栽培技术[J].烟台果树(7):42-46.

张云毅,武文卿,马卫华,等,2012.大樱桃传粉昆虫的调查研究[J].中国农学通报,28(25):
272-276.

朱秀红,孙小丽,2007.樱桃各生长发育期特点及对环境条件的要求[J].现代农业科技(7):14-15.